建筑材料与检测
第2版
工作任务单

主　编　尚　敏

副主编　崔葛芹　郝　哲

参　编　刘晓立　李勇利　陈鸿瑾　高欣欣

　　　　刘　然　郭红然　王　磊

主　审　孙翠兰　赵天雨

机械工业出版社

目 录

项目 1 建筑材料的基本性质 ·· 1

项目 2 气硬性胶凝材料 ·· 6

项目 3 水硬性胶凝材料 ·· 9

项目 4 普通混凝土 ·· 19

项目 5 砂浆 ·· 36

项目 6 墙体材料 ·· 39

项目 7 建筑钢材 ·· 42

项目 8 防水材料 ·· 50

项目 9 保温绝热材料 ·· 52

项目 10 建筑塑料 ·· 53

项目 11 建筑装饰材料 ·· 54

课题	项目1 建筑材料的基本性质				
班级		姓名		学号	

工作任务	1. 能正确合理地选择建筑材料，并正确地应用到建筑工程中。 2. 掌握材料的基本性质，掌握外界因素对材料性质和性能的影响。

知识要点	1. 建筑材料的物理性质： 1) 与质量有关的性质：密度（ρ）、表观密度（ρ_0）、堆积密度（ρ_0'）、密实度（D）和孔隙率（P）、填充率（D'）和空隙率（P'）。 2) 与水有关的性质：亲水性和憎水性（润湿角θ）、吸水性（$W_质$、$W_体$）、吸湿性（含水率$W_含$）、耐水性（软化系数$K_软$）、抗冻性（抗冻等级）、抗渗性（抗渗等级）。 3) 与热有关的性质：导热性（热导率λ）、热容量（比热容C）、热变形性（热胀冷缩，线胀系数α）。 2. 建筑材料的力学性质：抗破坏能力，强度f（拉、压、剪、弯）；变形表现，弹性与塑性。 3. 建筑材料的耐久性：综合性质，抗冻性、抗渗性、抗蚀性、大气稳定性、耐磨性、抗老化性、耐热性。 4. 三大密度的区别

名称	符号	定义（状态）	体积	测法	公式
表观密度	ρ_0	多孔固体、自然状态	材料在绝对密实状态下的体积+内部孔隙体积 $V_0 = V + V_{孔隙}$	规则：计算几何体积 不规则：采用排液法计算	$\rho_0 = m/V_0$
密度	ρ	绝对密实状态	材料在绝对密实状态下的体积V	磨细成粉末后再排水	$\rho = m/V$
堆积密度	ρ_0'	容器内堆积	材料在绝对密实状态下的体积+内部孔隙体积+粒间空隙体积 $V_0' = V + V_{孔隙} + V_{空隙}$	在容器内堆满容积	$\rho_0' = m/V_0'$

5. 孔隙率与孔隙特征对材料性质的影响：
1) 孔隙率越大，材料越疏松，强度越低，保温绝热性能越好。
2) 开口孔隙为主，吸水性、透水性好，抗冻性差、抗渗性差、耐久性差。
6. 孔隙率与空隙率的区别：
1) 孔隙率分析的是多孔固体，空隙率分析的是松散颗粒状材料。
2) 孔隙率分析的是内部的孔隙体积所占的比例，空隙率分析的是颗粒之间的空隙体积所占的比例。
3) 孔隙率反映的是多孔固体是否密实，空隙率反映的是堆积体积内的颗粒填充是否紧实。

知识要点	7. 表征吸水性的指标。对于轻质材料，如软木、加气混凝土、膨胀珍珠岩等，质量吸水率大于 1 时，往往采用体积吸水率；一般情况下，采用质量吸水率。 两者关系：$W_体 = W_质 \rho_0$，ρ_0 单位必须是 g/cm^3。 8. 含水率公式的变形。注意含水率公式的分母是材料的干质量。材料含水质量 $m_含 = m_干 \times (1+W_含)$。 9. 一般选用软化系数较大的材料，其耐水性好。例如花岗岩的 $K_软$ 为 0.97，而土的 $K_软$ 为 0。 10. 抗冻等级 F50 的含义是能承受的冻融循环次数为 50 次。 11. 抗渗等级 P12 的含义是在抗渗试验中能承受的最大水压力为 1.2MPa。 12. 一般选用热导率较小的材料，其保温绝热性能较好。 13. 一般选用比热容较大的材料，可维持室内温度的稳定。 14. 强度概念、公式、适用范围、单位。$f_{拉、压、剪} = F/A$，是指材料在被破坏前单位面积上受的最大力。F 的单位是牛顿（N），A 的单位是平方毫米（mm^2），$f_{拉、压、剪}$ 的单位是兆帕（MPa）。 15. 弹性变形与塑性变形的判断：在总变形中，力撤消后仍保持的变形为塑性变形，消失的变形为弹性变形。 16. 耐久性的概念。
任务实施	**一、填空题** 1. 材料的抗渗性用_____表示。材料的吸水性用_____表示。材料的吸湿性用_____表示。 2. 软化系数是反映_____的指标，定义式为_____。 3. 材料的导热性大小常用_____表示，该值越小，绝热性能越_____。 **二、单选题** 1. 加气混凝土的密度为 $2.55g/cm^3$，表观密度为 $500kg/m^3$，其孔隙率应为（　　）。 　A. 19.6%　　　B. 94.9%　　　C. 5.1%　　　D. 80.4% 2. 某岩石在自然状态、绝对干燥状态、吸水饱和状态下的抗压强度分别为 128MPa、132MPa、112MPa，则该岩石的软化系数为（　　）。 　A. 0.85　　　B. 0.88　　　C. 0.97　　　D. 0.15 3. $f = 3FL/2bh^2$ 是材料（　　）的计算公式。 　A. 抗压强度　　B. 抗拉强度　　C. 抗剪强度　　D. 抗弯强度 4. 从材料成分上来看，一般（　　）热导率最大，（　　）热导率最小。 　A. 金属材料　　B. 无机非金属材料　C. 有机材料　　D. 以上都可以 5. 材料吸水后，将使材料的（　　）提高。 　A. 耐久性　　　B. 强度及导热性　　C. 密度　　　D. 表观密度和热导率 6. 含水率为 5% 的砂 220kg，将其干燥后的质量是（　　）kg。 　A. 209　　　B. 209.52　　　C. 210　　　D. 208 7. 有一块砖重 2625g，其含水率为 5%，该湿砖所含水的质量为（　　）g。 　A. 131.25　　B. 129.76　　C. 130.34　　D. 125 8. 材料的软化系数越大，则其（　　）。 　A. 耐水性越好　B. 耐水性越差　C. 抗冻性越好　D. 抗冻性越差

9. 当材料的润湿角 θ 为（　　）时，称为憎水性材料。
A. ≤90°　　　B. >90°　　　C. =0°　　　D. ≥90°
10. 材料的抗冻性以材料在吸水饱和状态下所能抵抗的（　　）来表示。
A. 抗压强度　　B. 软化系数　　C. 抗渗等级　　D. 冻融循环次数
11. 材料的孔隙率增大时，其性质保持不变的是（　　）。
A. 表观密度　　B. 堆积密度　　C. 密度　　D. 强度
12. 下列性质中不属于力学性质的是（　　）。
A. 弹性　　　B. 塑性　　　C. 密度　　　D. 强度

三、计算题

1. 某自卸卡车装满时的容量为 4m³，砂的堆积密度 ρ_0' 为 1550kg/m³，则卡车能运多少 t 砂？

2. 某块材干燥时质量为 115g，自然状态下体积为 44cm³，磨细成粉后绝对密实状态下的体积为 37cm³，试计算它的表观密度 ρ_0、密度 ρ 和孔隙率 P。

3. 有一块烧结普通砖，在吸水饱和状态下重 2900g，在完全干燥状态下重 2550g。砖的尺寸为 240mm×115mm×53mm，经干燥并磨成细粉后取 50g，用排水法测得绝对密实体积为 18.62cm³。试计算该砖的吸水率、密度、表观密度、孔隙率。

4. 某材料的密度为 2.68g/cm³，表观密度为 2.34g/cm³，720g 完全干燥的该材料浸水饱和后擦干表面并测得质量为 740g。试计算该材料的质量吸水率、体积吸水率。

任务实施	

5. 在配制混凝土时，1m³ 混凝土拌合物要用到 680kg 干砂，可是施工现场只有含水率为 4% 的湿砂。试计算拌和 1m³ 混凝土使用湿砂的质量，以及湿砂中所含水的质量。

6. 某岩石干燥时强度为 178MPa，吸水饱和后强度为 168MPa。试计算该岩石的软化系数，并判断该岩石是否为耐水材料。

7. 某立方体混凝土试块边长为 100mm，承受 310kN 的压力时出现破坏，则此混凝土试块的抗压强度为多少？

8. 直径 12mm 的圆截面钢筋，拉断前能承受的最大拉力是 42.7kN，则该钢筋抗拉强度为多少？

评价反馈

序号	评价内容	满分	自评	互评	师评	综合得分
1	学习内容完成程度	20				
2	试验操作完成度	20				
3	操作规范性	20				
4	"工完场清"等工作态度	20				
5	试验结果分析情况	20				

拓展：材料员考试建筑材料的基本性质部分练习题

单选题	1. 材料的吸湿性通常用（　　）表示。 A. 吸水率　　B. 含水率　　C. 抗冻性　　D. 软化系数 2. 含水率是表示材料（　　）大小的指标。 A. 吸湿性　　B. 耐水性　　C. 吸水性　　D. 抗渗性 3. 水可以在材料表面展开，即材料表面可以被水浸润，这种性质称为（　　）。 A. 亲水性　　B. 憎水性　　C. 抗渗性　　D. 吸湿 4. 当孔隙率一定时，下列构造中的（　　）吸水率较大。 A. 开口贯通大孔　B. 开口贯通微孔　C. 封闭大孔　　D. 封闭小孔 5. 下列材料，（　　）通常用体积吸水率表示其吸水性。 A. 厚重材料　　B. 密实材料　　C. 轻质材料　　D. 高强材料 6. 渗透系数越大，材料的抗渗性越（　　）。 A. 大　　B. 小　　C. 无关　　D. 视具体情况而定 7. （　　）是衡量材料抵抗变形能力的一个指标。 A. 弹性　　B. 塑性　　C. 强度　　D. 弹性模量
多选题	关于材料的基本性质，下列说法正确的是（　　）。 A. 材料的表观密度是可变的 B. 材料的密实度和孔隙率反映了材料的同一性质 C. 材料的吸水率随其孔隙率的增加而增加 D. 材料的强度是指抵抗外力破坏的能力 E. 材料的弹性模量越大，说明材料越不易变形

课题	项目2 气硬性胶凝材料				
班级		姓名		学号	
工作任务	1. 能根据工程所处环境条件合理选用气硬性胶凝材料，会正确使用国家标准。 2. 掌握气硬性胶凝材料的品种、性能、特点及标准要求。				
知识要点	1. 石灰石（碳酸钙）→高温煅烧→生石灰（氧化钙）→加水→熟石灰（氢氧化钙）。 2. 生石灰按火候分为正火石灰、欠火石灰和过火石灰。欠火石灰减少产浆量；过火石灰熟化缓慢，导致已硬化的砂浆产生鼓泡或崩裂等现象。 3. 石灰使用前应在储灰坑中放置两个星期，叫作陈伏，其目的是保证石灰完全熟化，消除过火石灰的危害，避免崩裂、鼓包等现象。 4. 石灰的特点：①凝结硬化慢（结晶作用+碳化作用），强度低；②吸湿性强，耐水性差；③可塑性好，保水性好；④硬化后体积收缩，易开裂；⑤放热量较大，腐蚀性强。 5. 石灰的应用（因为石灰结晶和碳化进行得非常缓慢，所以除刷白外一般很少单独使用，使用时应掺加砂、石）：①刷白；②配制三合土和灰土；③配制砂浆；④制作硅酸盐制品。 6. 生石膏（二水石膏）→加热→β型半水石膏→加水→石膏制品。β型半水石膏称为建筑石膏。 7. 石膏的特点：①凝结硬化快；②孔隙率大；③吸湿性强，耐水性差；④防火性好；⑤硬化后体积膨胀，不开裂；⑥有良好的可加工性和装饰性。				
任务实施	一、单选题 1. 生石灰的主要化学成分是（　　）。 A. $CaCO_3$　　B. CaO　　C. $Ca(OH)_2$　　D. $CaSO_4$ 2. 石灰膏的主要化学成分是（　　）。 A. $CaCO_3$　　B. CaO　　C. $Ca(OH)_2$　　D. $CaSO_4$ 3. 罩面用的石灰浆不得单独使用，掺入砂、麻刀和纸筋的作用是（　　）。 A. 易于施工　　B. 增加美观　　C. 减少收缩　　D. 增加厚度 4. 下列选项中，关于建筑石膏的特点，说法不正确的是（　　）。 A. 吸水性强、耐水性差　　　　B. 凝结硬化速度快 C. 容易着色　　　　　　　　　D. 防火性能差 5. 石膏制品表面光滑细腻，主要原因是（　　）。 A. 施工工艺好　　　　　　　　B. 表面经过了修补加工 C. 掺入了纤维等材料　　　　　D. 硬化后体积略膨胀 6. 下列具有调节室内湿度功能的材料是（　　）。 A. 石膏　　B. 石灰　　C. 膨胀水泥　　D. 水玻璃 7. 石灰的保管期不宜超过（　　）。 A. 1个月　　B. 2个月　　C. 3个月　　D. 6个月 二、简答题 1. 石灰在使用前为什么要陈伏？				

任务实施	2. 石灰硬化有哪些过程？生成物有什么？ 3. 石灰的应用有哪些方面？ 4. 石膏的特点有哪些？ 三、分析题 　　某单位宿舍楼的内墙使用石灰砂浆抹面。数月后，墙面上出现了许多不规则的网状裂纹。同时，在个别部位还发现了凸出的放射状裂纹。试分析上述现象产生的原因。
评价反馈	<table><tr><th>序号</th><th>评价内容</th><th>满分</th><th>自评</th><th>互评</th><th>师评</th><th>综合得分</th></tr><tr><td>1</td><td>学习内容完成程度</td><td>20</td><td></td><td></td><td></td><td></td></tr><tr><td>2</td><td>试验操作完成度</td><td>20</td><td></td><td></td><td></td><td></td></tr><tr><td>3</td><td>操作规范性</td><td>20</td><td></td><td></td><td></td><td></td></tr><tr><td>4</td><td>"工完场清"等工作态度</td><td>20</td><td></td><td></td><td></td><td></td></tr><tr><td>5</td><td>试验结果分析情况</td><td>20</td><td></td><td></td><td></td><td></td></tr></table>

拓展：材料员考试气硬性胶凝材料部分练习题

单选题	1. 下列关于石灰特性描述不正确的是（ ）。 A. 石灰水化放出大量的热　　　　B. 石灰是气硬性胶凝材料 C. 石灰凝结快、强度高　　　　　D. 石灰水化时体积膨胀 2. 建筑石膏自生产之日算起，其有效储存期一般为（ ）。 A. 3个月　　　B. 6个月　　　C. 12个月　　　D. 1个月 3. 石灰膏在储灰坑中陈伏的主要目的是（ ）。 A. 充分熟化　　B. 增加产浆量　　C. 减少收缩　　D. 降低发热量 4. 浆体在凝结硬化过程中，其体积发生微小膨胀的是（ ）。 A. 石灰　　　　B. 石膏　　　　C. 普通水泥　　D. 黏土 5. 石灰是在（ ）中硬化的。 A. 干燥空气　　B. 水蒸气　　　C. 水　　　　　D. 与空气隔绝的环境 6. 石灰粉刷的墙面出现起泡现象，是由（ ）引起的。 A. 欠火石灰　　B. 过火石灰　　C. 石膏　　　　D. 泥含量
多选题	1. 建筑石膏制品具有（ ）等特点。 A. 强度高　　B. 质量轻　　C. 加工性能好　　D. 防火性较好　　E. 防水性好 2. 石灰消解反应的特点是（ ）。 A. 放热反应　B. 吸热反应　C. 体积膨胀　　D. 体积收缩　　E. 体积不变

课题	项目3　水硬性胶凝材料		
班级		姓名　　　　学号	
工作任务	1. 掌握通用硅酸盐水泥的成分、技术性能、特点。 2. 掌握水泥质量评定、验收、保管等内容。 3. 会按照国家标准要求进行水泥的检测，能根据水泥的性能检测报告进行质量判断。 4. 能根据工程特点及要求合理选用水泥。		
知识要点	1. 水硬性胶凝材料：加水拌和后，成为塑性浆体，既能在潮湿的空气中又能在水中产生凝结、硬化现象，将砂、石等松散颗粒状材料胶结成一个整体（强调环境：既能在空气中又能在水中）。 2. 硅酸盐水泥包括通用硅酸盐水泥、专用硅酸盐水泥、特性硅酸盐水泥。其中，通用硅酸盐水泥最常用，包括硅酸盐水泥、普通硅酸盐水泥、矿渣硅酸盐水泥、火山灰质硅酸盐水泥、粉煤灰硅酸盐水泥等。硅酸盐水泥是硅酸盐系水泥的基本品种，两者不是一回事。 3. 硅酸盐系水泥的成分均为硅酸盐水泥熟料（由生料烧至1450℃），以及适量的石膏、混合材料。其中，硅酸盐水泥熟料是关键成分，主要矿物成分为硅酸三钙、硅酸二钙、铝酸三钙和铁铝酸四钙，四种成分与水反应时的特点不同，调整其比例可以得到不同性质的水泥。		

矿物成分名称	符号	水化产物	反应速度	水化热强度	强度发展	后期强度	收缩	耐腐蚀性
硅酸三钙	C_3S	水化硅酸钙凝胶、氢氧化钙晶体	快	高	快	高	中	差
硅酸二钙	C_2S		慢	低	慢	高	小	好
铝酸三钙	C_3A	水化铝酸钙晶体	最快	高	快	低	大	差
铁铝酸四钙	C_4AF	水化铝酸钙晶体和水化铁酸钙凝胶	较快	中等	中	中	小	较好

要点：提高硅酸三钙的含量可以制得高强水泥；降低硅酸三钙和铝酸三钙的含量可以制得低水化热的大坝水泥。

4. 水泥的生产工艺流程：两磨一烧。

石灰质原料、黏土质原料、铁粉 —按比例混合磨细→ 生料 —1450℃煅烧→ 熟料 —石膏和混合材料 磨细→ Ⅰ型硅酸盐水泥 / Ⅱ型硅酸盐水泥

5. 掺入适量石膏的作用是调节凝结时间，消除铝酸三钙的瞬凝的危害（原理是石膏与铝酸三钙的反应产物水化铝酸钙晶体发生反应生成钙矾石，包裹住铝酸三钙，使其无法继续与水发生反应）。

知识要点	6. 五种通用硅酸盐水泥的对比： | 对比项目	硅酸盐水泥 P·Ⅰ、P·Ⅱ	普通硅酸盐水泥 P·O	矿渣硅酸盐水泥 P·S	火山灰质硅酸盐水泥 P·P	粉煤灰硅酸盐水泥 P·F
---	---	---	---	---	---
混合材料掺量	0~5%	6%~20%	20%~70%	20%~40%	20%~40%
强度等级	42.5（R）、52.5（R）、62.5（R）	42.5（R）、52.5（R）	32.5（R）、42.5（R）、52.5（R）		
细度	比表面积≥300m²/kg		80μm 筛余≤10% 45μm 筛余≤30%		
初凝时间	≥45min				
终凝时间	≤6.5h		≤10h		
三氧化硫含量 SO_3	≤3.5%	≤3.5%	≤4%	≤3.5%	≤3.5%
氧化镁含量 MgO	≤5%		≤6%		
共同特点	快硬高强、反应快、水化热集中、抗冻性好、干缩较小		早期强度低、水化热少、抗腐蚀性好（适于海水工程）、适于蒸汽养护；抗冻性差			 7. 氧化镁（MgO）含量、三氧化硫（SO_3）含量、初凝时间和体积安定性这四项非常重要，传统要求是其中一项不达标就作为废品处理。 8. 水泥细度不能过大（粗），否则水化反应慢、不彻底；也不能过小（细），否则成本高，水化反应过快易干缩开裂。水泥细度检测方法有干筛法、负压筛法、水筛法。 9. 水泥初凝时间不能过早（应大于45min），以便有足够的时间进行搅拌、运输、浇筑等施工；终凝时间不能过迟（应小于6.5h或10h），以便尽快进行下一道工序，不拖延工期。 10. 体积安定性用沸煮法检验，能反映游离氧化钙的危害。沸煮法包括雷氏法和试饼法，两者有矛盾时，以雷氏法为准。 11. 水泥胶砂强度测定试件尺寸为40mm×40mm×160mm，水泥胶砂的质量配合比为水泥：标准砂：水＝1：3：0.5。 12. 水泥石的腐蚀主要有三种：软水腐蚀、溶解性腐蚀和膨胀性腐蚀。 13. 风化（受潮）是指水泥与环境中的空气、水发生反应，生成氢氧化钙等水化产物，甚至进一步生成碳酸钙等产物，导致凝结迟缓、强度降低。 14. 通用硅酸盐水泥的保质期为3个月。
任务实施	一、名词解释 1. 水化热 2. 体积安定性

3. 水泥的硬化

二、填空题

1. 水泥在储运过程中，会吸收空气中的_____和_____，逐渐出现_____现象，使水泥丧失胶结能力，因此储运水泥时应注意_____。
2. 水泥石是由_____、_____、未完全水化的颗粒、游离水分、气孔等组成的不均质的结构体。

三、单选题

1. 火山灰质硅酸盐水泥的代表符号是（　　）。
 A. P·O　　　B. P·S　　　C. P·P　　　D. P·F
2. 房屋建筑冬期施工宜采用（　　）硅酸盐水泥。
 A. 普通　　　B. 矿渣　　　C. 火山灰质　　　D. 粉煤灰
3. 下列几种混合材料中，（　　）为活性混合材料。
 A. 黏土　　　B. 石灰石　　　C. 粒化高炉矿渣　　　D. 煤矸石
4. 提高水泥熟料中（　　）成分的含量，可制得高强水泥。
 A. 硅酸三钙　　　B. 硅酸二钙　　　C. 铝酸三钙　　　D. 铁铝酸四钙
5. 体积安定性不良的水泥应作（　　）使用。
 A. 作废品处理　　　B. 降低等级　　　C. 掺入新水泥　　　D. 拌制砂浆
6. 硅酸盐水泥熟料的四种矿物成分中性质最差的是（　　）。
 A. 铝酸三钙　　　B. 硅酸二钙　　　C. 硅酸三钙　　　D. 铁铝酸四钙
7. 为了调节水泥的凝结时间，应加入适量的（　　）。
 A. 石灰　　　B. 氧化镁　　　C. 石膏　　　D. 粉煤灰
8. 沸煮法安定性试验是检测水泥中（　　）含量是否过多。
 A. 游离氧化钙　　　B. 游离氧化镁
 C. 三氧化硫　　　D. 游离氧化钙、游离氧化镁
9. 在（　　）的情况下，水泥应作废品处理。
 A. 强度低于标称强度等级值　　　B. 终凝时间过长
 C. 初凝时间过短　　　D. 水化热太小
10. 通用硅酸盐水泥的存放期为（　　）时间。
 A. 1个月　　　B. 6个月　　　C. 3个月　　　D. 2个月
11. 建筑常用的五种水泥中，碱含量不大于（　　）的称低碱水泥。
 A. 0.5%　　　B. 0.6%　　　C. 0.7%　　　D. 0.8%
12. 硅酸盐水泥熟料矿物成分中含量最高的是（　　）。
 A. 硅酸二钙　　　B. 硅酸三钙　　　C. 铝酸三钙　　　D. 铁铝酸四钙

四、简答题

1. 什么是硅酸盐水泥？Ⅰ型和Ⅱ型硅酸盐水泥有哪些不同？分几个强度等级？

任务实施	2. 生产水泥时为什么要加入适量石膏？ 3. 对混凝土凝结时间有什么要求？为什么要有这些要求？ 4. 矿渣硅酸盐水泥、火山灰质硅酸盐水泥、粉煤灰硅酸盐水泥各有什么独特之处？

	序号	评价内容	满分	自评	互评	师评	综合得分
评价反馈	1	学习内容完成程度	20				
	2	试验操作完成度	20				
	3	操作规范性	20				
	4	"工完场清"等工作态度	20				
	5	试验结果分析情况	20				

试验报告单

试验名称	水泥需水量试验（水泥标准稠度用水量试验）
试验条件	水泥品种、强度等级＿＿＿＿＿＿，环境温度＿＿＿＿＿＿。
试验目的	
试验器具	
注意事项	1. 测试前仪器处于初始位置。 2. 搅拌前，搅拌锅应先用湿布擦拭，锅内水分不要影响结果。 3. 水的用量影响极大，量取时一定要准确。
试验步骤	
试验结果记录	水泥用量＿＿＿＿＿＿g。 | 试验次数	水的用量/g	沉入深度 S/mm
---	---	---
试验结果分析	试验结果＿＿＿＿＿＿ 原因＿＿＿＿＿＿

试验名称	体积安定性试验（_____法）
试验条件	水泥品种、强度等级_____，环境温度_____。
试验目的	
试验器具	
注意事项	采用_____稠度的水泥净浆。
试验步骤	
试验结果记录	水泥用量_____g，经沸煮，试件_____（裂缝），体积安定性_____。
试验结果分析	试验结果_____ 原因_____

拓展：材料员考试水硬性胶凝材料部分练习题

填空题	1. 硅酸盐水泥根据强度大小分为_____、_____、_____、_____、_____、_____六个强度等级。 2. 硅酸盐水泥的主要水化产物是_____、_____、_____及_____。 3. 生产硅酸盐水泥时，必须掺入适量石膏，其目的是_____。 4. 硅酸盐水泥的技术要求主要包括_____、_____、_____、_____等。 5. 水泥在储运过程中，会吸收空气中的_____和_____，逐渐出现_____现象，使水泥丧失_____，因此储运水泥时应注意_____。
单选题	1. 硅酸盐水泥熟料矿物中，（　　）的水化速度最快，且放热量最大。 　A. 硅酸三钙　　B. 硅酸二钙　　C. 铝酸三钙　　D. 铁铝酸四钙 2. 为硅酸盐水泥熟料提供氧化硅成分的原料是（　　）。 　A. 石灰石　　B. 白垩　　C. 铁矿石　　D. 黏土 3. 硅酸盐水泥在最初四周内的强度实际上是由（　　）决定的。 　A. 硅酸三钙　　B. 硅酸二钙　　C. 铝酸三钙　　D. 铁铝酸四钙 4. 生产硅酸盐水泥时加入适量石膏，主要起（　　）作用。 　A. 促凝　　B. 缓凝　　C. 助磨　　D. 膨胀 5. 大体积混凝土工程应选用（　　）。 　A. 硅酸盐水泥　　　　　　B. 高铝水泥 　C. 矿渣硅酸盐水泥　　　　D. 普通硅酸盐水泥 6. 以下水泥熟料矿物中，早期强度及后期强度都比较高的是（　　）。 　A. 硅酸三钙　　B. 硅酸二钙　　C. 铝酸三钙　　D. 铁铝酸四钙 7. 水泥浆在混凝土材料中，硬化前和硬化后起（　　）作用。 　A. 胶结　　B. 润滑和胶结　　C. 填充　　D. 润滑和填充 8. 石灰膏在储灰坑中陈伏的主要目的是（　　）。 　A. 充分熟化　　B. 增加产浆量　　C. 减少收缩　　D. 降低发热量 9. 石灰是在（　　）中硬化的。 　A. 干燥空气　　B. 水蒸气　　C. 水　　D. 与空气隔绝的环境 10. 硅酸盐水泥的某些性质不符合国家标准规定的，应作为废品处理，下列哪项除外（　　）。 　A. 氧化镁含量超过5.0%，三氧化硫含量超过3.5% 　B. 强度不符合规定 　C. 安定性（用沸煮法检验）不合格 　D. 初凝时间不符合规定（初凝时间早于45min） 11. 高层建筑基础工程的混凝土宜优先选用（　　）。 　A. 硅酸盐水泥　　　　　　B. 普通硅酸盐水泥 　C. 矿渣硅酸盐水泥　　　　D. 火山灰质硅酸盐水泥

单选题	12. 水泥安定性是指（　　）。 A. 温度变化时，胀缩能力的大小　　B. 冰冻时，抗冻能力的大小 C. 硬化过程中，体积变化是否均匀　　D. 拌合物中保水能力的大小 13. 在采用蒸汽养护制作混凝土制品时，应选用（　　）。 A. 普通硅酸盐水泥　　B. 矿渣硅酸盐水泥 C. 硅酸盐水泥　　D. 矾土水泥 14. 水泥强度试件养护的标准环境是（　　）。 A. (20±3)℃，95%相对湿度的空气 B. (20±1)℃，95%相对湿度的空气 C. (20±3)℃的水中 D. (20±1)℃的水中 15. 对出厂日期超过3个月的过期水泥的处理办法是（　　）。 A. 按原强度等级使用　　B. 降级使用 C. 重新鉴定强度等级　　D. 判为废品 16. 硅酸盐水泥的初凝时间不得早于（　　）。 A. 45min　　B. 30min　　C. 60min　　D. 90min 17. 为防止水泥闪凝，水泥中应加入适量的磨细（　　）。 A. 生石灰　　B. 石灰石　　C. 粒化高炉矿渣　　D. 石膏 18. 水泥的凝结时间（　　）。 A. 越长越好　　B. 初凝应尽早，终凝应尽晚 C. 越短越好　　D. 初凝不宜过早，终凝不宜过晚 19. 硅酸盐水泥细度指标越大，则（　　）。 A. 水化作用越快越充分，质量越好 B. 水化作用越快，但收缩越大，质量越差 C. 水化作用越快，早期强度越高，但不宜久存 D. 水化作用越充分，强度越高且耐久性越好 20. 大体积重力坝所使用的水泥必须具有（　　）特性。 A. 高抗渗性　　B. 高强度　　C. 早强　　D. 低水化热
多选题	1. 硅酸盐水泥熟料中含有（　　）矿物成分。 A. 硅酸三钙　　B. 硅酸二钙　　C. 铝酸一钙 D. 铝酸三钙　　E. 铁铝酸四钙 2. 下列水泥中，属于通用硅酸盐水泥的有（　　）。 A. 硅酸盐水泥　　B. 高铝水泥　　C. 膨胀水泥 D. 矿渣硅酸盐水泥　　E. 自应力水泥 3. 硅酸盐水泥的特性有（　　）。 A. 强度高　　B. 抗冻性好　　C. 耐腐蚀性好 D. 耐热性好　　E. 抗渗性好 4. 对于高温车间工程用水泥，可以选用（　　）。 A. 普通硅酸盐水泥　　B. 矿渣硅酸盐水泥　　C. 高铝水泥 D. 硅酸盐水泥　　E. 粉煤灰硅酸盐水泥

多选题	5. 大体积混凝土施工应选用（　　）。 A. 矿渣硅酸盐水泥　　B. 硅酸盐水泥　　C. 粉煤灰硅酸盐水泥 D. 火山灰质硅酸盐水泥　　E. 普通硅酸盐水泥 6. 紧急抢修工程宜选用（　　）。 A. 硅酸盐水泥　　B. 矿渣硅酸盐水泥　　C. 粉煤灰硅酸盐水泥 D. 火山灰质硅酸盐水泥　　E. 普通硅酸盐水泥 7. 有硫酸盐腐蚀的环境中，宜选用（　　）。 A. 硅酸盐水泥　　B. 矿渣硅酸盐水泥　　C. 粉煤灰硅酸盐水泥 D. 火山灰质硅酸盐水泥　　E. 高铝水泥 8. 有抗冻要求的混凝土工程，应选用（　　）。 A. 矿渣硅酸盐水泥　　B. 硅酸盐水泥　　C. 普通硅酸盐水泥 D. 火山灰质硅酸盐水泥　　E. 粉煤灰硅酸盐水泥 9. 在水泥的储运与管理中应注意的问题是（　　）。 A. 防止水泥受潮 B. 水泥存放期不宜过长 C. 对于过期水泥作废品处理 D. 严防不同品种、不同强度等级的水泥在保管中发生混乱 E. 坚持限额领料、杜绝浪费
判断题	1. 硅酸盐水泥中铝酸三钙的早期强度低，后期强度高，而硅酸三钙正好相反。（　　） 2. 用沸煮法可以全面检验硅酸盐水泥的体积安定性是否良好。（　　） 3. 硅酸盐水泥的细度越细，标准稠度需水量越高。（　　） 4. 六大通用水泥中，矿渣硅酸盐水泥的耐热性最好。（　　） 5. 硅酸盐水泥熟料矿物组分中，水化速度最快的是铝酸三钙。（　　） 6. 体积安定性不良的水泥，重新加工后可以用于工程中。（　　） 7. 火山灰质硅酸盐水泥不宜用于有抗冻、耐磨要求的工程。（　　） 8. 在大体积混凝土中，应优先选用硅酸盐水泥。（　　） 9. 普通硅酸盐水泥的初凝时间不得早于45min，终凝时间不得迟于6.5h。（　　） 10. 有抗渗要求的混凝土，不宜选用矿渣硅酸盐水泥。（　　）
简答题	1. 下列混凝土工程中应优先选用哪些水泥？并说明原因。 1) 大体积混凝土工程，如大坝。 2) 采用蒸汽养护的混凝土构件。 3) 高强度混凝土工程。

简答题	4）严寒地区受反复冻融作用的混凝土工程。 5）地下水富含硫酸盐地区的混凝土基础工程。 6）海港码头工程。 7）耐磨要求高的混凝土工程，如道路、机场跑道。 8）要求速凝高强的军事工程。 2. 某住宅工程工期较短，现有强度等级同为42.5级的硅酸盐水泥和矿渣硅酸盐水泥可选用。从有利于完成工期的角度来看，选用哪种水泥更为有利？为什么？

课题	项目4 普通混凝土				
班级		姓名		学号	

工作任务

1. 掌握混凝土的组成材料、技术性质和配合比设计。
2. 掌握混凝土集料的粗细程度和级配，混凝土的和易性和强度；能够用质量法确定砂、石用量和换算施工配合比。
3. 会按照国家标准的要求进行混凝土的检测，并根据检测报告进行质量判断。
4. 能根据工程特点及要求合理选用混凝土。
5. 重点掌握混凝土的技术性质及检验方法。

知识要点

1. 普通混凝土是指由普通的砂、石子、水泥和水组成的干表观密度在2000~2800kg/m³的人工石材。
2. 水泥浆的作用是包裹砂、石并填充砂、石的空隙，赋予混凝土流动性，并通过水泥的凝结把各种材料胶凝成一个整体，并产生强度。砂、石的作用是形成骨架、抑制水泥硬化产生的干缩。
3. 水泥的强度一般是混凝土强度的1.5倍。
4. 砂、石按技术要求分为Ⅰ类、Ⅱ类、Ⅲ类。
5. 为什么要对砂、石提出颗粒级配和粗细程度的要求？级配好就是颗粒大小搭配得好，空隙率小，这样填充空隙用的水泥浆少，形成的骨架密实；粗细程度适宜（较多的粗粒、适量的中粒、较少的细粒）不影响级配，总表面积较小，包裹颗粒所用的水泥浆少，更经济。
6. 砂的粗细程度用细度模数表示，细度模数越大，总体越粗。细度模数在1.6~2.2是细砂，在2.3~3.0是中砂，在3.1~3.7是粗砂。

颗粒级配用级配区或级配曲线表示，处在国家标准给定的任何一个区域内（1区、2区或3区）都是级配合格的砂。处在2区的中砂最适合配制混凝土，其他级配良好的粗、中、细砂也可以，但需要对砂率进行调整。只有2区砂才能成为Ⅰ类砂。

7. 石子的级配有两种：

1) 连续级配（与砂相同）是指从小到大连续分级，即粒径都从5mm开始，用于配制一般的混凝土（最大到40mm）。

2) 单粒级是指一到二个粒级（一小段），用于配更大粒级的连续粒级（80mm）或调整不合格级配。

8. 粗集料的最大粒径选用原则：在条件许可时尽量选大粒径，一般根据建筑物的种类、尺寸、钢筋间距及施工机械决定。具体规定：一般构件，最大粒径不得大于结构物最小截面的最小边长的1/4，同时不得大于钢筋间最小净距的3/4。对于混凝土实心板，允许采用最大粒径为1/3板厚的颗粒，同时最大粒径不得超过40mm。

9. 和易性是指混凝土拌合物的施工操作（搅拌、运输、浇筑、振捣）的难易程度和抵抗离析作用程度的性质，包括三方面：流动性、黏聚性和保水性，三者互相影响，应当综合考虑。

1) 和易性的评定：测定流动性指标（坍落度或维勃稠度）辅以直观的经验判断来评定其黏聚性和保水性。坍落度越大，流动性越大；维勃稠度越大，越干硬。

| 知识要点 | 2）和易性的选择：根据工程结构种类、钢筋疏密及振捣方法选择混凝土的和易性。板、梁、柱浇筑时，一般选坍落度为30~50mm的混凝土拌合物。
3）和易性的影响因素主要有水泥浆数量和水灰比、砂率、温度、时间。
10. 强度等级。
1）强度等级的判断依据：混凝土的立方体抗压强度标准值（$f_{cu,k}$）。
2）立方体抗压强度标准值的测定：采用标准方法制作边长为150mm的立方体标准试件，在标准条件下养护28d，用标准试验方法测得一批数值中的标准值，强度低于该值的概率不超过5%，即强度保证率为95%。
3）非标准试件的折算。当采用非标准尺寸试件时，应将其抗压强度乘以换算系数，并注意以下事项：
① 当混凝土强度等级低于C60时，对边长为100mm的立方体试件取换算系数0.95，对边长为200mm的立方体试件取换算系数1.05。例如边长为100mm的试件，尺寸小，出现缺陷的概率小，测得数值偏大，应乘以换算系数0.95。
② 当混凝土强度等级不低于C60时，宜采用标准尺寸试件；使用非标准尺寸试件时，换算系数应由试验确定，试件数量不应少于30个组。
4）强度的影响因素：水泥强度与水灰比、粗集料、养护条件（温度、湿度）、龄期。
5）提高强度、促进强度发展的措施：采用高强水泥、采用干硬性混凝土、掺加外加剂、采用蒸汽（压）养护。
11. 耐久性是指混凝土在实际使用条件下抵抗各种破坏因素作用，长期保持强度和外观完整性的能力，包括抗冻性、抗渗性、抗蚀性、抗碳化能力、抗碱集料反应能力等。
1）混凝土的碳化也叫中性化，指的是二氧化碳在有水的情况下和水泥石中的氢氧化钙反应生成碳酸钙和水，使混凝土碱性降低，失去对钢筋的保护作用。
2）提高耐久性的措施：合理选择水泥品种、掺外加剂、控制水灰比和水泥用量、加强浇捣和养护、表面密实处理等。
12. 配合比设计指标：和易性、强度、耐久性、经济性。
1）配合比设计思路：初步配合比→最终配合比→施工配合比。
2）配合比设计三大参数：水灰比、砂率、单位用水量。
3）配合比设计重点：给出初步配合比（尤其是用质量法求单位砂、石用量），换算施工配合比。
用质量法确定单位砂、石用量的公式：
$$m_{bo} + m_{so} + m_{go} + m_{wo} = 2400\text{kg}$$
$$\beta_s = m_{so}/(m_{so} + m_{go})$$
用文字表达为：
砂、石用量＝2400－胶凝材料用量－水用量
砂用量＝砂、石用量×砂率
石子用量＝砂、石用量－砂用量
换算施工配合比公式为：
$$m_c = m_{cb}$$
$$m_s = m_{sb} \times (1+a\%)$$
$$m_g = m_{gb} \times (1+b\%)$$
$$m_w = m_{wb} - (m_{sb}a\% + m_{gb}b\%)$$
13. 轻集料的强度可用筒压强度和强度等级表示。特殊混凝土的分类如下： |

知识要点	轻混凝土	轻集料混凝土	表观密度不大于 1950kg/m³，包括全轻、砂轻和次轻混凝土
		多孔混凝土	包括加气混凝土、泡沫混凝土
		大孔混凝土	无砂大孔、少砂大孔，可用于透水生态地坪
	有特殊要求的混凝土	预拌混凝土	一般是指商品混凝土，搅拌站经计量、拌制后，用运输车运至使用地点
		高强混凝土	强度等级为 C60 及以上的混凝土
		泵送混凝土	坍落度不低于 100mm，并采用泵送施工的混凝土
		抗渗混凝土	抗渗等级大于等于 P6 的混凝土
		抗冻混凝土	抗冻等级大于等于 F50 的混凝土
		大体积混凝土	结构物实体最小尺寸大于等于 1m，或预计会因水泥水化热引起混凝土内外温差过大而导致裂缝的混凝土
		清水混凝土	一次浇筑成型，不做任何外装饰，平整光滑、棱角分明
		耐酸混凝土	由水玻璃等组成，对硫酸、硝酸等有足够的稳定性
		纤维混凝土	具有不错的抗拉强度、抗弯强度、抗裂强度和冲击韧性等，一般掺入钢纤维、合成纤维、碳纤维和玻璃纤维等

任务实施

一、填空题

1. 砂的颗粒级配用＿＿＿＿＿＿表示，颗粒粒径小于＿＿＿＿＿＿mm 的为砂。
2. 混凝土的强度等级是依据＿＿＿＿＿＿划分的，C25 表示 $f_{cu,k}$ = ＿＿＿＿＿＿MPa。
3. ＿＿＿＿＿＿和＿＿＿＿＿＿是影响混凝土强度最主要的因素。
4. 当混凝土拌合物有流浆出现，同时坍落度锥体有崩塌松散现象时，应保持＿＿＿＿＿＿不变，适当增加＿＿＿＿＿＿；不起作用时，应＿＿＿＿＿＿。
5. 混凝土中的砂质量/石子质量＝0.52，则砂率＝＿＿＿＿＿＿。

二、单选题

1. 压碎指标是表示（　　）强度的指标。
A. 混凝土　　B. 空心砖　　C. 轻集料　　D. 石子
2. 普通混凝土立方体试块的标准尺寸为边长（　　）。
A. 100mm　　B. 150mm　　C. 200mm　　D. 250mm
3. 石子级配中，（　　）级配的空隙率最小。
A. 连续　　B. 间断　　C. 单粒级　　D. 同一
4. 一个截面尺寸为 240mm×360mm 的钢筋混凝土梁，钢筋最小净距为 48mm，混凝土应选用（　　）粒级的石子。
A. 5~16mm　　B. 5~31.5mm　　C. 5~40mm　　D. 20~40mm

5. 混凝土拌合物发生分层、离析，说明（　　）差。
   A. 流动性　　　B. 黏聚性　　　C. 保水性　　　D. 黏滞性
6. 在进行混凝土初步配合比设计时，水灰比是根据（　　）确定的，然后根据耐久性进行复核。
   A. 强度　　　B. 耐久性　　　C. 和易性　　　D. 强度和耐久性
7. 配制混凝土所用的水泥，其强度等级应比混凝土设计强度（　　）。
   A. 稍低　　　B. 相等　　　C. 根据需要　　　D. 高 0.5 倍左右
8. 混凝土中外加剂的掺量应以（　　）。
   A. 水泥质量的百分比表示　　　B. 混凝土质量的百分比表示
   C. 混凝土用水质量的百分比表示　　　D. 砂、石质量的百分比表示
9. 配制普通混凝土，细集料常采用（　　）。
   A. 河砂　　　B. 山砂　　　C. 海砂　　　D. 人工砂
10. 配制普通的 C30 以下混凝土时，砂的泥含量不大于（　　）。
    A. 3%　　　B. 5%　　　C. 7%　　　D. 10%
11. 配制普通的 C30 以下混凝土时，石子中的泥含量不大于（　　）。
    A. 1%　　　B. 1.5%　　　C. 2%　　　D. 2.5%
12. 配制普通的 C30 以下混凝土时，石子中的针、片状颗粒含量不大于（　　）。
    A. 5%　　　B. 15%　　　C. 25%　　　D. 35%
13. 对钢筋有锈蚀作用的外加剂是（　　）。
    A. 氯化钠　　　B. 亚硝酸钠　　　C. 三乙醇胺　　　D. 硫酸钠
14. 炎热天气施工时，由于气温高，混凝土常使用的外加剂有（　　）。
    A. 早强剂　　　B. 缓凝剂　　　C. 引气剂　　　D. 减水剂
15. 普通混凝土是指干表观密度为（　　）kg/m^3 的水泥混凝土，集料为普通砂、石。
    A. 1950 以下　　　B. 2000~2400　　　C. 2000~2800　　　D. 2800 以上

三、简答题

1. 石子最大粒径的选用原则及具体要求是什么？

2. 试简述混凝土拌合物和易性的试验步骤。

3. 混凝土和易性的影响因素有哪些？

	4. 混凝土强度等级的判断依据是什么？如何测定？

5. 提高混凝土耐久性的措施有哪些？

四、计算题

1. 单位用水量为 185kg，水灰比为 0.5，拌合物湿表观密度为 2400kg/m³，砂率为 35%，试确定配 1m³ 混凝土拌合物所用材料的质量（单位用量）。 |
| 任务实施 | 2. 最终配合比为 280∶670∶1200∶140，施工现场砂含水率为 5%，石子含水率为 2%，试换算施工配合比。

3. 某混凝土的实验室配合比为 1∶2.1∶4.0，$W/C=0.60$，混凝土的表观密度为 2410kg/m³。试计算配制 1m³ 混凝土的各种材料用量。 |

任务实施	4. 已知混凝土经试拌调整后，各项材料用量为水泥 3.10kg，水 1.86kg，砂 6.24kg，碎石 12.8kg，并测得拌合物的表观密度为 2500kg/m³，试计算： （1）1m³ 混凝土各项材料的用量。 （2）如工地现场砂含水率为 2.5%，石子含水率为 0.5% 时的施工配合比。
评价反馈	<table><tr><th>序号</th><th>评价内容</th><th>满分</th><th>自评</th><th>互评</th><th>师评</th><th>综合得分</th></tr><tr><td>1</td><td>学习内容完成程度</td><td>20</td><td></td><td></td><td></td><td></td></tr><tr><td>2</td><td>试验操作完成度</td><td>20</td><td></td><td></td><td></td><td></td></tr><tr><td>3</td><td>操作规范性</td><td>20</td><td></td><td></td><td></td><td></td></tr><tr><td>4</td><td>"工完场清"等工作态度</td><td>20</td><td></td><td></td><td></td><td></td></tr><tr><td>5</td><td>试验结果分析情况</td><td>20</td><td></td><td></td><td></td><td></td></tr></table>

试验报告单

试验名称	集料的筛分析试验
试验条件	集料的种类为_____；含水状态为_____。
试验目的	
试验器具	
注意事项	1. 称量时注意天平"左物右码"，用镊子夹砝码；读数一定要准。 2. 称量结束后，把每个筛的分计筛余量汇总加和，并与500g砝码对比，如果上下波动不超过5g，试验数据才有效。
试验步骤	
试验结果记录	砂总质量_____g。 | 筛编号	筛孔尺寸/mm	分计筛余量/g	分计筛余率（%）	累计筛余率（%）
---	---	---	---	---
1	4.75			
2	2.36			
3	1.18			
4	0.6			
5	0.3			
6	0.15			
筛底	0				 注：1. 分计筛余率=分计筛余量÷500×100%=分计筛余量÷5%。 2. 某号筛的累计筛余率=此筛以上的所有筛的分计筛余率的加和（含本筛）。
试验结果分析	细度模数=$(A_2+A_3+A_4+A_5+A_6-5A_1)/(100-A_1)$= 试验结果：级配_____的_____砂（粗/细），原因是_____。

试验名称	混凝土拌合物试验
试验条件	粗集料的种类为_____；细集料的种类为_____。
试验目的	
试验器具	
注意事项	1. 称量前先用湿布擦拭不透水钢板，表面水分不要影响试验结果；将集料过筛，去除杂质，称量时注意读数一定要准。 2. 插捣时双脚一定要踩住坍落筒的踏板，不允许坍落筒离开不透水钢板，否则读数将不准确。
试验步骤	
试验结果记录	水灰比＝_____。 | 试验次数	水泥用量/kg	砂用量/kg	石子用量/kg	水用量/kg	配合比	坍落度/mm	黏聚性、保水性
---	---	---	---	---	---	---	---
第一次							
第二次								 注：1. 分计筛余率＝分计筛余量÷500×100%＝分计筛余量÷5%。 2. 某号筛的累计筛余率＝此筛以上的所有筛的分计筛余率的加和（含本筛）。
试验结果分析	

试验名称	混凝土强度试验
试验条件	粗集料的种类为_____；细集料的种类为_____。
试验目的	
试验器具	
注意事项	1. 拌合物既可以取自施工现场，也可以按比例配制。 2. 用捣棒插捣后，用抹子在试模内壁振捣，使其均匀密实。
试验步骤	
试验结果记录	配合比 = _____。 | 试验次数	试件边长/mm	受压面积/mm²	极限压力/kN	抗压强度/MPa	换算系数	立方体抗压强度/MPa
---	---	---	---	---	---	---
第一次						
第二次							
试验结果分析	

拓展： 材料员考试普通混凝土部分练习题

单选题	1. 混凝土配合比设计中，水胶比的值是根据混凝土的（　　）要求来确定的。 　A. 强度及耐久性　　B. 强度　　C. 耐久性　　D. 和易性与强度 2. 混凝土的（　　）强度最大。 　A. 抗拉　　B. 抗压　　C. 抗弯　　D. 抗剪 3. 防止混凝土中钢筋锈蚀的主要措施是（　　）。 　A. 提高混凝土的密实度　　B. 钢筋表面刷防锈漆 　C. 钢筋表面用碱处理　　D. 混凝土中加阻锈剂 4. 选择混凝土集料时，应使其（　　）。 　A. 总表面积大，空隙率大　　B. 总表面积小，空隙率大 　C. 总表面积小，空隙率小　　D. 总表面积大，空隙率小 5. 普通混凝土立方体强度测试，采用100mm×100mm×100mm的试件，其强度换算系数为（　　）。 　A. 0.90　　B. 0.95　　C. 1.0　　D. 1.05 6. 在原材料质量不变的情况下，决定混凝土强度的主要因素是（　　）。 　A. 水泥用量　　B. 砂率　　C. 单位用水量　　D. 水灰比 7. 厚大体积混凝土工程适宜选用（　　）。 　A. 高铝水泥　　B. 矿渣硅酸盐水泥 　C. 硅酸盐水泥　　D. 普通硅酸盐水泥 8. 混凝土施工质量验收规范规定，粗集料的最大粒径不得大于钢筋最小间距的（　　）。 　A. 1/2　　B. 1/3　　C. 3/4　　D. 1/4
多选题	1. 在混凝土拌合物中，如果水灰比过大，会造成（　　）。 　A. 拌合物的黏聚性和保水性不良 　B. 产生流浆 　C. 有离析现象 　D. 严重影响混凝土的强度 2. 以下哪些属于混凝土的耐久性（　　）。 　A. 抗冻性　　B. 抗渗性　　C. 和易性　　D. 抗腐蚀性 3. 混凝土中水泥的品种是根据（　　）来选择的。 　A. 施工要求的和易性　　B. 粗集料的种类 　C. 工程的特点　　D. 工程所处的环境 4. 影响混凝土和易性的主要因素有（　　）。 　A. 水泥浆的数量　　B. 集料的种类和性质 　C. 砂率　　D. 水灰比 5. 在混凝土中加入引气剂，可以提高混凝土的（　　）。 　A. 抗冻性　　B. 耐水性　　C. 抗渗性　　D. 抗化学侵蚀性
判断题	1. 在拌制混凝土中砂子越细越好。（　　） 2. 混凝土拌合物中水泥浆越多，和易性就越好。（　　） 3. 混凝土中掺入引气剂后，会引起强度降低。（　　） 4. 级配好的集料空隙率小，其总表面积也小。（　　）

判断题	5. 混凝土强度随水灰比的增大而降低，呈直线关系。（　　） 6. 用高强度等级水泥配制混凝土时，混凝土的强度能得到保证，但混凝土的和易性不好。（　　） 7. 混凝土强度试验，试件尺寸越大，强度越低。（　　） 8. 当采用合理砂率时，能使混凝土获得所要求的流动性，良好的黏聚性和保水性，而水泥用量最大。（　　）
简答题	1. 砂、石集料在混凝土中可发挥哪些有益的作用？ 2. 对于混凝土用砂，为什么有细度要求和级配要求？ 3. 对某工地的用砂试样进行筛分析试验，筛孔尺寸由大到小的分计筛余量分别为20g、70g、80g、100g、150g、60g，筛底为20g，求此砂样的细度模数并判断级配情况。 4. 为什么要限制混凝土用砂、石中氯盐、硫酸盐及硫化物的含量？ 5. 进行砂的筛分时，试样准确称量500g，但各筛的分计筛余量之和可能大于或小于500g，在什么情况下结果是可以接受的？ 6. 砂、石的空隙率小，是否说明质量好？

简答题	7. 砂的坚固性如何进行检验? 8. 砂的含水状态有哪几种?计算普通混凝土配合比时一般以什么状态的砂为基准? 9. 某混凝土搅拌站原使用砂的细度模数为2.5,后改用细度模数为2.1的砂,原混凝土配方不变,发现拌制成的混凝土坍落度明显变小,请分析原因。 10. 普通混凝土中使用卵石或碎石,对混凝土性能的影响有何差异? 11. 石子的最大颗粒尺寸是如何确定的?规范规定石子的最大粒径有何意义? 12. 石子中的针、片状颗粒是什么?其含量超过规定值会对混凝土产生什么影响? 13. 混凝土对粗集料有哪几个方面的要求? 14. 根据国家标准,采用广口瓶法测定石子的表观密度时,烘干后试样的质量为1100g,试样、水、广口瓶及玻璃片的总质量为2185g,水、广口瓶及玻璃片的总质量为1505g,求该石子试样的表观密度为多少 kg/m^3。

简答题	15. 为什么要进行石子的级配试验？若工程上使用级配不符合要求的石子，会有什么问题？
	16. 什么是碱集料反应？

小测验 1

填空题

1. 材料密度 ρ 一定时，孔隙率 P 越大，表观密度 ρ_0 越_____，强度越_____，保温绝热性越_____。
2. 100g 干砂在室外放置后，含水率为 4%，湿砂质量为_____。
3. 软化系数是反映_____的指标，定义式为_____。
4. 抗渗等级 P8 表示_____，抗冻等级 F50 表示_____。
5. 围护结构应选择比热容 C_____、热导率 λ_____的材料。（大或小）
6. 水泥的受潮（风化）是指活性矿物与_____的过程，受潮后的水泥凝结_____，强度逐渐_____。
7. 硅酸盐水泥熟料的矿物成分有_____、_____、_____和铁铝酸四钙，提高_____的含量可制得高强水泥。
8. 水泥初凝时间不宜超过_____，以便_____；终凝时间不宜超过_____，以免_____。
9. 水泥的技术性质中，_____、三氧化硫含量、_____、_____中的任一项不合格即作为废品处理。
10. 水泥加水后，在开始的_____天内反应速度快，大约_____天可完成反应的基本部分。混凝土浇筑后要注意_____养护，冬期施工应采取_____。
11. 高温车间施工应选用_____水泥，有抗渗要求的部位应选用_____水泥。
12. 一般情况下，配制混凝土时水泥的强度大约是混凝土强度的_____倍。
13. 级配良好的集料空隙率较_____，填充用的水泥浆较少，较经济，骨架密实。细度模数在_____内的砂均可用于配制混凝土。
14. 判断级配是否良好应先分析_____的数值，决定属于哪个级配区，再把其他数值与相应级配区的范围作对比，在范围内则说明级配良好。
15. 混凝土的和易性包括三个方面，即流动性、_____和_____。
16. 混凝土的坍落度越_____，流动性越好；维勃稠度越_____，流动性越差，越干稠。
17. 某钢筋混凝土梁截面尺寸为 250mm×400mm，钢筋之间的净距为 45mm，应选用粒级为_____的连续级配的石子。
18. 混凝土的强度等级是依据_____划分的。C35 表示 $f_{cu,k}$ = _____ MPa。
19. 划分混凝土强度等级时，所用试件如是边长 200mm 的立方体，则所得数值应乘以换算系数_____，因为_____。
20. 混凝土配合比设计中的三大参数为_____、_____、_____。
21. 耐久性规定了混凝土的最大_____和最小_____。

填空题	22. 建筑石膏的成分是_____，具有_____、_____、_____等特点。 23. 石灰应在储灰坑中放置_____时间，叫做_____，目的是_____。
单选题	1. 以下材料中的（　）不属于气硬性胶凝材料。 　A. 石灰　　　　B. 石膏　　　　C. 水玻璃　　　　D. 水泥 2. 普通混凝土立方体强度测试，采用 100mm×100mm×100mm 的试件，其强度换算系数为（　）。 　A. 0.90　　　　B. 0.95　　　　C. 1.00　　　　D. 1.05
名词解释	1. 堆积密度 2. 弹性 3. 水硬性胶凝材料 4. 硅酸盐水泥 5. 普通混凝土 6. 混凝土的和易性 7. 碱集料反应
简答题	1. 孔隙率与空隙率的区别是什么？

简答题	2. 造成水泥石安定性不良的原因有哪些？用什么方法检验？ 3. 生产水泥时为什么要掺入适量石膏？ 4. 石子的最大粒径按什么原则确定？具体有何要求？ 5. 影响混凝土和易性的因素有哪些？
计算题	1. 配制混凝土时，已确定单位用水量 $m_{wo}=180$kg，水灰比 $W/C=0.6$，砂率 $\beta_s=35\%$，混凝土湿表观密度为 2400kg/m³。请用质量法确定单位砂、石用量 m_{so}、m_{go}。 2. 检验某砂的情况，用500g烘干试样筛分结果如下：

筛号	筛孔尺寸/mm	分计筛余量/g	分计筛余率（%）	累计筛余率（%）
1	4.75	18		
2	2.36	69		
3	1.18	70		
4	0.60	145		
5	0.30	101		
6	0.15	76		
筛底	0	21		

| 计算题 | 则，细度模数 $M_x =$

结论：____砂。

3. 混凝土设计配合比 = 303∶632∶1289∶173，施工现场砂的含水率为3%，石子的含水率为2%，试换算施工配合比。 |

课题	项目5 砂浆				
班级		姓名		学号	
工作任务	1. 掌握砌筑砂浆的组成材料、性质和配合比设计。 2. 了解常用砂浆的种类、特点及应用。 3. 能根据工程特点及要求合理使用建筑砂浆。				
知识要点	1. 砌筑砂浆组成材料的要求：①水泥强度等级一般为32.5级（砂浆强度等级在M15以上的宜用42.5级）；②掺加料一般为石灰膏、电石膏，作用是节约水泥、改善和易性；③中砂泥含量≤5%；④应使用生活饮用水拌制。 2. 砌筑砂浆的要求：①满足和易性要求；②满足强度和种类要求；③具有足够的黏结力。 3. 砌筑砂浆和易性包括两方面： 1) 流动性用沉入度表示，与砌体种类有关。沉入度大，则砌筑砂浆流动性好。 2) 保水性用保水率和分层度表示，分层度要适宜，最好不大于30mm。分层度过大，易导致砌筑砂浆分层，保水性变差。 4. 砌筑砂浆有七个强度等级：M5、M7.5、M10、M15、M20、M25、M30，试件为边长70.7mm的立方体。 5. 砌筑砂浆配合比设计的特点是"直截了当"：首先确定试配强度；然后根据经验和理论数据直接依次确定水泥用量，掺加料用量，砂、水用量；最后进行试配调整。 6. 抹面砂浆多层施工法各层的作用和要求：底层作用是与基层黏结，要求稠度较稀，沉入度为90~110mm；中层作用是找平，要求比底层砂浆稍稠，沉入度为70~90mm；面层起装饰作用，要求用细砂配制，表面要平整均匀，沉入度为70~80mm。				
任务实施	一、填空题 1. 砂浆的和易性包括_____和_____两个方面，分别用_____和_____表示。 2. 在砂浆中掺入掺加料的目的是_____和_____。 3. 砂浆的强度等级是用尺寸为_____的立方体试件，在标准条件下养护28d的_____来确定。 二、单选题 1. 用于外墙的抹面砂浆，在选择胶凝材料时，应优先选择（　　）。 A. 水泥　　　B. 石膏　　　C. 粉煤灰　　　D. 石灰 2. 用量最大的砂浆是（　　）砂浆。 A. 水泥　　　B. 混合　　　C. 粉煤灰　　　D. 石灰 三、简答题 1. 对砌筑砂浆的材料有哪些要求？				

任务实施	2. 抹面砂浆多层施工法中各层的作用和要求有哪些?					
评价反馈	序号	评价内容	满分	自评	互评	师评	综合得分
	1	学习内容完成程度	20				
	2	试验操作完成度	20				
	3	操作规范性	20				
	4	"工完场清"等工作态度	20				
	5	试验结果分析情况	20				

试验报告单

试验名称	砌筑砂浆试验
试验条件	水泥等级_____；掺加料种类_____。
试验目的	
试验器具	
注意事项	1. 测沉入度时，螺杆朝一个方向，读数要准确。 2. 测分层度时，用木棒敲击时次数不要太多，使砂浆密实即可，否则会强化离析、泌水，促进分层。
试验步骤	
试验结果记录	试验次数 | 水泥用量/kg | 砂用量/kg | 水用量/kg | 沉入度/mm 1 2 分层度：$K_1-K_2=$_____ mm
试验结果分析	

试验次数	水泥用量/kg	砂用量/kg	水用量/kg	沉入度/mm
1				
2				

课题	项目6 墙体材料				
班级		姓名		学号	
工作任务	1. 掌握墙体材料的种类及技术性能。 2. 掌握墙体材料的技术标准、特点和应用。 3. 能按照国家标准的要求进行普通砖和砌块的取样及试件的制作。 4. 能正确使用检测仪器对普通砖和砌块的各项技术指标进行检测。 5. 能正确填写质量检测报告。				
知识要点	1. 烧结普通砖的规格为240mm×115mm×53mm，$1m^3$的砖砌体理论上需要512块砖。砌墙砖按材料分为黏土砖、粉煤灰砖、页岩砖、灰砂砖、煤矸石砖等。 2. 烧结普通砖按照焙烧火候可以分为正火砖、欠火砖和过火砖。欠火砖色浅，敲击时声音哑，吸水率大，强度低，耐久性差。过火砖的特点与欠火砖相反，并有弯曲变形。 3. 烧结普通砖的强度等级为MU10、MU15、MU20、MU25、MU30。 4. 烧结多孔砖与烧结空心砖的区别： 1) 烧结多孔砖：孔洞率大于28%，孔的尺寸小且数量多，多为竖孔，强度高，常用于承重结构。 2) 烧结空心砖：孔洞率大于40%，孔尺寸大且数量少，多为水平孔，强度低，常用于非承重结构。				
任务实施	一、填空题 1. 烧结普通砖的标准尺寸为_____。 2. 烧结多孔砖的孔洞率为_____，烧结空心砖的孔洞率为_____。 二、单选题 1. 砌筑有保温要求的承重墙时，宜选用（　　）。 　A. 烧结普通砖　　　　　　　　　　B. 烧结多孔砖 　C. 烧结空心砖　　　　　　　　　　D. 加气混凝土砌块 2. 仅能用于砌筑填充墙的是（　　）。 　A. 烧结普通砖　　　　　　　　　　B. 烧结多孔砖 　C. 烧结空心砖　　　　　　　　　　D. 小型混凝土砌块 3. 下列选项中，不属于烧结砖的是（　　）。 　A. 黏土砖　　　B. 页岩砖　　　C. 煤矸石砖　　　D. 碳化硅砖 4. MU7.5中"7.5"的含义是（　　）。 　A. 抗弯强度平均值>7.5MPa　　　　B. 抗压强度平均值≥7.5MPa 　C. 抗弯强度平均值≤7.5MPa　　　　D. 抗压强度平均值<7.5MPa 5. 下列哪项不是加气混凝土砌块的特点（　　）。 　A. 轻质　　　B. 保温隔热　　　C. 加工性能好　　　D. 韧性好 6. 砌筑$1m^3$烧结普通砖的砖砌体，理论上所需砖块数为（　　）块。 　A. 512　　　B. 532　　　C. 540　　　D. 596 三、判断题 1. 过火砖呈铁锈色，敲击时声音响亮，强度大。　　　　　　　　　　　　（　　） 2. 砌墙砖主要包括以黏土、工业废料或其他地方资源为主要原料，用不同工艺制成的，用于砌筑承重和非承重结构砖。　　　　　　　　　　　　　　　　　　（　　）				

任务实施

四、简答题

1. 如何区分欠火砖与过火砖？

2. 烧结多孔砖和烧结空心砖的区别有哪些？

3. 什么是砌块？同砌墙砖相比，砌块有哪些优点？

4. 砌块的种类有很多，请写出你所知道的砌块（至少写3种，包括砌块的名称、规格、特点、应用等）。

5. 试对比水泥、混凝土、砂浆、烧结普通砖的强度等级与表示方法。

材料品种	试件尺寸	划分等级的依据	强度等级与表示方法
水泥			
混凝土			
砂浆			
烧结普通砖			

评价反馈

序号	评价内容	满分	自评	互评	师评	综合得分
1	学习内容完成程度	20				
2	试验操作完成度	20				
3	操作规范性	20				
4	"工完场清"等工作态度	20				
5	试验结果分析情况	20				

试验报告单

试验名称	砖抗压强度试验
试验条件	砖的品种为_____。
试验目的	
试验器具	
注意事项	
试验步骤	

试验结果记录	试验次数	受压面积/mm²	极限压力/kN	抗压强度/MPa
	第一次			
	第二次			
	第三次			

试验结果分析	

课题		项目7 建筑钢材			
班级		姓名		学号	
工作任务	1. 掌握钢材的分类及技术性能。 2. 掌握钢材、型钢、钢筋的牌号、特点与应用。 3. 会按照国家标准的要求进行钢材的检测，根据热轧钢筋的性能检测报告进行质量判断。 4. 能根据工程特点及要求合理使用建筑钢材（尤其是钢筋）。 5. 重点掌握钢材的性能、常用钢材的钢号、常用钢筋的品种。				
知识要点	1. 生铁与钢，以碳的质量分数2%为界，生铁经过高炉冶炼，通过高温氧化再脱氧等一系列的降碳除杂步骤，最后生成钢。 2. 钢的拉伸性能属于使用性能，具有典型性，是进行钢材性能分析的重点。有屈服现象的低碳钢拉伸分为四个阶段： 1）弹性阶段：变形可恢复，表现为弹性。 2）屈服阶段：出现塑性变形，应力不变而应变快速增长，这是结构设计的依据，指标是屈服强度R_e。 3）强化阶段：抵抗外力的能力增长，指标是抗拉强度R_m。 4）颈缩断裂阶段：薄弱部位变细，出现颈缩现象。 3. 钢材强度指标：屈服强度R_e、抗拉强度R_m、屈强比R_e/R_m；钢材塑性指标：伸长率A、断面收缩率Z。 4. 无明显屈服现象的中（高）碳钢、合金钢的设计依据是条件屈服强度$R_{P0.2}$。 5. 钢材冷弯性能是重要的工艺性能，弯心直径越小越好，能弯成的角度越大越好。 6. 钢中元素对性质的影响： 1）碳是重要元素，碳的含量越高，钢的强度和硬度越高，但塑性和韧性越差。 2）硫和磷是有害元素，硫使钢具有热脆性；磷使钢具有冷脆性。硫和磷的质量分数在0.035%以下的是优质钢。 3）硅和锰是有益元素，硅对钢的性能影响与碳类似，可提高弹性；锰可以消除硫的危害。 4）合金元素可以提高钢的综合性质，或在塑性、韧性等不变的情况下提高钢的强度、硬度。 7. 碳素结构钢牌号表示方法见《碳素结构钢》（GB/T 700—2006），低合金高强度结构钢的牌号表示方法见《低合金高强度结构钢》（GB/T 1591—2018）。碳素结构钢的牌号有Q195、Q215、Q235、Q275；低合金高强度结构钢的牌号有Q390、Q420、Q460、Q500、Q550、Q620、Q690。 优质碳素结构钢的牌号表示方法参见《优质碳素结构钢》（GB/T 699—2015），合金结构钢的牌号表示方法参见《合金结构钢》（GB/T 3077—2015）。 8. 热轧钢筋根据屈服强度R_e、抗拉强度R_m、伸长率和冷弯性能划分为四个等级，其中HPB300是光圆的，HRB400、HRB500、HRB600是带有月牙肋的。 9. 冷加工硬化和时效处理的概念及影响： 1）冷加工硬化是指钢材在常温下进行加工（冷拉、冷轧、冷弯、冷拔、冷轧扭）产生一定的塑性变形后，屈服强度提高、硬度提高，塑性、韧性下降的现象。				

知识要点	2）时效处理指的是随着放置时间的延长，钢材的屈服强度、抗拉强度提高，塑性、韧性变差的现象。 两者的影响都是提高强度、硬度，降低塑性、韧性，区别在于冷加工不能提高抗拉强度，而时效处理可以。
任务实施	一、填空题 1. 钢材按化学成分可分为_____钢和_____钢。R_e 表示_____。Q235AF 表示_____。 2. 在工程实践中，钢材的_____强度和_____强度是设计中的重要依据。 3. 热轧钢筋按_____性能和_____性能分为四个牌号。 4. 建筑工地或混凝土预制构件厂，对钢筋的冷加工方法有_____、_____、_____、_____等。 二、单选题 1. 钢与铁以碳的质量分数（　　）%为界，碳的质量分数小于这个值时为钢，大于这个值时为铁。 　A. 0.25　　　　B. 0.6　　　　C. 0.8　　　　D. 2 2. 下列钢材中，质量最好的是（　　）。 　A. Q235AF　　　B. Q235BF　　　C. Q235C　　　D. Q235D 3. （　　）是低合金高强度结构钢。 　A. Q235BF　　　B. Q235D　　　C. Q390C　　　D. Q195 4. 下列钢材中（　　）的质量最差。 　A. 沸腾钢　　　B. 半镇静钢　　C. 镇静钢　　　D. 特殊镇静钢 5. HPB300 钢筋所用的钢种是（　　）。 　A. 中碳钢　　　　　　　　　　B. 低合金高强度结构钢 　C. 低碳钢　　　　　　　　　　D. 优质碳素结构钢 6. 碳素结构钢中碳的含量在 0.25%~0.6% 的称为（　　）。 　A. 低碳钢　　　B. 中碳钢　　　C. 高碳钢　　　D. 合金结构钢 三、简答题 1. 试描述建筑钢材的优（缺）点，并说出建筑用钢的主要钢种。

任务实施	2. 低碳钢拉伸有哪四个阶段？强度指标和塑性指标有哪些？ 3. 不同元素对钢的性质的影响有哪些？ 4. 冷加工硬化的概念及影响是什么？ 5. 说明以下钢号的含义： （1）Q235BF （2）10Mn （3）45Si2MnTi （4）Q390C
评价反馈	<table><tr><th>序号</th><th>评价内容</th><th>满分</th><th>自评</th><th>互评</th><th>师评</th><th>综合得分</th></tr><tr><td>1</td><td>学习内容完成程度</td><td>20</td><td></td><td></td><td></td><td></td></tr><tr><td>2</td><td>试验操作完成度</td><td>20</td><td></td><td></td><td></td><td></td></tr><tr><td>3</td><td>操作规范性</td><td>20</td><td></td><td></td><td></td><td></td></tr><tr><td>4</td><td>"工完场清"等工作态度</td><td>20</td><td></td><td></td><td></td><td></td></tr><tr><td>5</td><td>试验结果分析情况</td><td>20</td><td></td><td></td><td></td><td></td></tr></table>

试验报告单

试验名称	低碳钢的拉伸试验
试验条件	
试验目的	
试验器具	
注意事项	1. 加载速度控制要得当，否则会影响最终数据，并导致屈服现象不明显。 2. 强度是用相应的荷载除以受力面积，抗拉强度 R_m 计算式中的分母是颈缩前的面积，也就是原始受力面积。
试验步骤	
拉伸曲线	

试验结果记录	时间	试件直径	受力面积	标距长	试件外形图
	试验前				
	试验后				

| 试验结果分析 | 屈服荷载 = _____ kN   屈服强度 = _____ = _____ MPa
极限荷载 = _____ kN   抗拉强度 = _____ = _____ MPa
伸长率 = _____   断面收缩率 = _____ |

拓展： 材料员考试建筑钢材部分练习题

单选题

1. 在钢结构中常将（   ）轧制成钢板、钢管、型钢来建造桥梁、高层建筑及大跨度钢结构建筑。
   A. 碳素结构钢   B. 低合金高强度结构钢   C. 热处理钢筋   D. 优质碳素结构钢
2. 钢材中（   ）的含量过高，将导致其发生热脆。
   A. 碳   B. 磷   C. 硫   D. 锰
3. 钢材中（   ）的含量过高，将导致其发生冷脆。
   A. 碳   B. 磷   C. 硫   D. 锰
4. 对同一种钢材，其伸长率 A（   ）$A_{11.3}$。
   A. 大于   B. 等于   C. 小于   D. 无关
5. 钢材随着碳含量的增加，其（   ）降低。
   A. 强度   B. 硬度   C. 塑性   D. 刚度
6. 进行钢结构设计时，对直接承受动荷载的结构应选用（   ）。
   A. 平炉沸腾钢   B. 氧气转炉镇静钢
   C. 平炉镇静钢   D. 氧气转炉特殊镇静钢
7. 严寒地区的露天焊接钢结构，应优先选用下列钢材中的（   ）。
   A. Q345   B. Q235C   C. Q275   D. Q235AF
8. 进行结构设计时，碳素结构钢以（   ）作为设计计算取值的依据。
   A. 弹性极限   B. 屈服强度
   C. 抗拉强度   D. 屈服强度及抗拉强度
9. 由（   ）冶炼得到的钢质量最好。
   A. 氧气转炉法   B. 平炉法   C. 电炉法   D. 空气转炉
10. （   ）质量均匀、力学性能较好。
    A. 沸腾钢   B. 半镇静钢   C. 镇静钢   D. 特殊镇静钢
11. 低碳钢中的碳含量为（   ）。
    A. <0.1%   B. <0.15%   C. <0.25%   D. <0.6%
12. 钢筋级别提高，则其（   ）。
    A. 屈服强度、抗拉强度提高，伸长率下降
    B. 屈服强度、抗拉强度下降，伸长率下降
    C. 屈服强度、抗拉强度下降，伸长率提高
    D. 屈服强度、抗拉强度提高，伸长率提高
13. 不属于钢材中锰元素的优点的是（   ）。
    A. 提高抗拉强度   B. 提高耐磨性
    C. 消除热脆性   D. 改善焊接性
14. 钢材中磷元素的危害主要是（   ）。
    A. 降低抗拉强度   B. 增大冷脆性   C. 增大热脆性   D. 降低耐候性
15. 不属于钢材中硫元素的危害是（   ）。
    A. 降低冲击韧性   B. 增大冷脆性   C. 增大热脆性   D. 降低耐候性
16. 将钢材加热到一定温度，保温若干时间，然后缓慢冷却，称为（   ）。
    A. 退火   B. 淬火   C. 回火   D. 正火

单选题	17. 钢的牌号 Q235AF 中的"F"表示（　　）。 A. 碳素结构钢　　　　　　　　B. 低合金高强度结构钢 C. 质量等级为 F 级　　　　　　D. 沸腾钢 18. 牌号为 25MnA 的优质碳素结构钢表示（　　）。 A. 平均碳含量小于 0.25%，锰含量为 0.25% 的优质镇静钢 B. 平均碳含量为 0.25%，锰含量小于 0.25% 的优质沸腾钢 C. 平均碳含量为 0.25%，锰含量为 0.7%～1.2% 的高级优质镇静钢 D. 平均碳含量为 0.25%～0.6%，锰含量小于 0.8% 的特殊优质镇静钢 19. 为保护水工钢闸门，可在钢闸门上焊接一块（　　）。 A. 铅　　　　B. 铜　　　　C. 银　　　　D. 锌 20. 钢材抵抗冲击荷载的能力称为（　　）。 A. 塑性　　　B. 冲击韧性　　C. 弹性　　　D. 硬度 21. 钢的碳含量为（　　）。 A. 小于 2.06%　B. 大于 3.0%　C. 大于 2.06%　D. 小于 1.26% 22. 伸长率是衡量钢材（　　）的指标。 A. 弹性　　　B. 塑性　　　C. 脆性　　　D 耐磨性 23. 碳素结构钢随着钢号的增加，钢材的（　　）。 A. 强度增加、塑性增加　　　　B. 强度降低、塑性增加 C. 强度降低、塑性降低　　　　D. 强度增加、塑性降低 24. 在低碳钢的应力应变图中，有线性关系的是（　　）阶段。 A. 弹性阶段　B. 屈服阶段　C. 强化阶段　D. 颈缩阶段
多选题	1. 在钢筋混凝土结构中普遍使用的钢材有（　　）。 A. 热轧钢筋　　B. 冷拔低碳钢丝　　C. 钢绞线 D. 热处理钢筋　E. 型钢 2. 碳素结构钢的质量等级包括（　　）。 A. A 级　　　B. B 级　　　C. C 级 D. D 级　　　E. E 级 3. 预应力混凝土用钢绞线是以数根优质碳素结构钢钢丝经绞捻和消除内应力的热处理后制成的，根据钢丝的股数，钢绞线分为（　　）类型。 A. 1×2　　　B. 1×3　　　C. 1×5　　　D. 1×7　　　E. 1×4 4. 经时效处理的钢材，其特点是（　　）进一步提高，塑性和韧性进一步降低。 A. 塑性　　　B. 韧性　　　C. 屈服强度 D. 抗拉强度　E. 焊接性 5. 钢材热处理的方法有（　　）。 A. 退火　　　B. 正火　　　C. 淬火　　　D. 回火　　　E. 欠火 6. 钢材的冷弯性能指标用试件在常温下能承受的弯曲程度表示，区分弯曲程度的指标是（　　）。 A. 试件被弯曲的角度　　　　　B. 弯心直径 C. 试件厚度　　　　　　　　　D. 试件直径 E. 弯心直径与试件厚度或直径的比值 7. 下列元素对钢材有害的是（　　）。 A. 氧　　　　B. 锰　　　　C. 磷　　　　D. 硫　　　　E. 硅

填空题	1. 建筑钢材按化学成分分为_____和_____两大类。 2. 建筑钢材按质量不同分为_____、_____和_____三大类。 3. 建筑钢材按用途不同分为_____、_____和_____三大类。 4. 钢材按炼钢过程中的脱氧程度不同可分为_____、_____、_____和_____四大类。 5. 钢材的主要性能包括_____和_____。 6. 钢材的工艺性能包括_____和_____。 7. 低碳钢从开始受力至拉断可分为四个阶段：_____、_____、_____和_____。 8. 国家标准《碳素结构钢》（GB/T 700—2006）规定，钢的牌号由代表屈服强度的字母_____、_____、_____和_____四部分构成。 9. 热轧钢筋根据表面形状分为_____和_____。 10. 受动荷载作用的结构、焊接结构及低温下工作的结构，不能选用_____质量等级钢和_____钢。 11. 衡量钢材拉伸性能的三个重要指标是_____、_____和_____。 12. 冷弯检验是指按规定的_____和_____进行弯曲后，检查试件弯曲处外面及侧面不发生断裂、裂缝或起层，即认为冷弯性能合格。 13. 钢材在发生冷脆时的温度称为_____，其数值越_____，说明钢材的低温冲击性能越_____。所以，在负温下使用的钢结构，应当选用脆性临界温度较工作温度_____的钢材。 14. 已知某钢材的成分为：碳含量 0.35%；硅含量 1.5%～2.5%；锰含量<1.5%；钛含量<1.5%。此钢的牌号为_____，它属于_____钢。 15. 进行结构设计时，软钢是以_____强度、硬钢是以_____强度作为设计计算取值的依据。
判断题	1. 钢材最大的缺点是易腐蚀。（　　） 2. 沸腾钢使用强脱氧剂，脱氧充分且钢锭呈沸腾状，故质量好。（　　） 3. 钢材经冷加工硬化后其强度提高了，塑性降低了。（　　） 4. 钢是铁碳合金。（　　） 5. 钢材的强度和硬度随碳含量的提高而提高。（　　） 6. 质量等级为 A 的钢，一般仅适用于静荷载作用的结构。（　　） 7. 对于经常处于低温状态的结构，钢材容易发生冷脆断裂，这对焊接结构更严重，因而要求钢材具有良好的塑性和低温冲击韧性。（　　） 8. 在钢中添加合金元素可以有效地防止或减少钢材的腐蚀。（　　） 9. 钢材防锈的根本方法是防止潮湿和隔绝空气。（　　） 10. 热处理钢筋因强度高，综合性能好，质量稳定，适用于普通钢筋混凝土结构。（　　） 11. 与沸腾钢相比，镇静钢的冲击韧性和焊接性较差，特别是低温冲击韧性的降低更为显著。（　　）

判断题	12. 钢材焊接时产生热裂纹，主要是含磷较多引起的，为消除其不利影响，可在炼钢时加入一定量的硅元素。（ ） 13. 钢材的回火处理总是紧接着退火处理后进行的。（ ） 14. Q235 是十分常用的建筑钢材牌号。（ ） 15. 钢材冷拉后可提高其屈服强度和抗拉强度，而时效处理只能提高其屈服强度。（ ）
计算题	1. 有一碳素结构钢试件的直径 d 为 20mm，拉伸前试件标距为 $5d$，拉断后试件的标距长度为 125mm，计算该试件的伸长率。 2. 从某建筑工地的一批钢筋中抽样，并截取两根钢筋做拉伸试验，测得结果如下：屈服荷载分别为 42.4kN、41.5kN；极限荷载分别为 62.0kN、61.6kN；钢筋实测直径为 12mm，标距 60mm，拉断时长度分别为 66.0mm、67.0mm。计算该钢筋的屈服强度、抗拉强度及伸长率。

课题	项目 8 防水材料				
班级		姓名		学号	
工作任务	1. 了解石油沥青的性质、特点，防水卷材的种类及特点。 2. 会根据工程特点选用防水材料。				
知识要点	1. 石油沥青组分的定义及三大组分的特点。在研究沥青的化学组成时，将其化学成分与物理性质相似而具有相同特征的部分划分成不同的组，一组就是一个组分。石油沥青的三大组分是油分、树脂和地沥青质，三者受温度和时间影响可以互相转化，形成溶胶、凝胶或溶-凝胶结构。 2. 老化的概念。在外界温度、阳光、空气和水的作用下，石油沥青的组分不断演变，油分、树脂减少，地沥青质增多，因而流动性、塑性变差，脆性增大，石油沥青变硬、脆裂、松散，失去防水、防腐效果，这一过程称为"老化"。 3. 黏滞性的定义及指标——黏滞度和针入度。黏滞性是指沥青在外力作用下抵抗变形或阻滞塑性流动的性能。 　1) 液体沥青的指标是黏滞度，黏滞度越大，黏滞性越大（越黏稠）。 　2) 固体、半固体沥青（黏稠沥青）的指标是针入度，针入度越大，黏滞性越差（越稀薄）。针入度是划分沥青牌号的主要依据。 4. 塑性的概念及指标——延度。 　1) 塑性是指沥青在外力作用下发生变形而不破坏，除去外力后仍保持变形后的形状的性质。能制成柔性防水材料，开裂后能自愈合，这些都是由沥青的塑性决定的。 　2) 塑性的指标是延度（延伸率），延度越大，沥青的塑性越好。牌号相同的沥青，塑性越好，质量越好。 5. 温度稳定性的指标——软化点，测试方法——环球法。 　1) 温度稳定性是指沥青在黏弹性区域内，黏滞性随温度变化的性质，其变化越大，温度稳定性越差。温度稳定性是评价沥青质量的重要性质。 　2) 沥青温度稳定性的指标是软化点（有时也包括脆化点）。一般希望沥青有较高的软化点（以及较低的脆化点）。软化点高的沥青耐热较好，不易流淌。 6. 石油沥青和煤沥青的区别：能溶于汽油的是石油沥青，溶解后成棕黑色液体；难溶于汽油的是煤沥青。 7. 了解防水卷材的种类及特点。 8. 防水卷材检测项目：拉伸性能及延伸率、不透水性、低温柔性、耐热性。				
任务实施	一、填空题 　1. 沥青的牌号由＿＿＿＿＿＿决定，牌号越大，黏滞性越＿＿＿＿＿＿。沥青的温度稳定性用＿＿＿＿＿＿表示。 　2. 建筑石油沥青牌号的数值表示的是＿＿＿＿＿＿。 　3. 油分、树脂、地沥青质是石油沥青的三大组分，长期在大气条件下三个组分是＿＿＿＿＿＿。 二、单选题 　1. 沥青的牌号划分主要是依据（　　）的大小确定的。				

任务实施	A. 延度　　　　B. 针入度　　　　C. 软化点　　　　D. 闪点 2.（　）属于弹性体改性沥青防水卷材。 A. 聚氨酯（PU）　　　　　　　　B. 无规聚丙烯（APP） C. 苯乙烯-丁二烯-苯乙烯（SBS）　　D. 聚氯乙烯（PVC） 3. SBS 卷材按胎基分为（　）。 A. 聚酯毡和玻纤毡　　　　　　　B. 玻纤毡和玻纤增强聚酯毡 C. 聚酯毡和矿物粒（片）料　　　D. 聚酯毡、玻纤毡、玻纤增强聚酯毡 三、简答题 1. 石油沥青的主要性能指标有哪些？ 2. SBS 卷材和 APP 卷材的特点及适用范围是什么？ 3. 防水卷材的取样要求有哪些？ 四、名词解释 1. 组分 2. 老化 3. 温度稳定性
评价反馈	<table><tr><th>序号</th><th>评价内容</th><th>满分</th><th>自评</th><th>互评</th><th>师评</th><th>综合得分</th></tr><tr><td>1</td><td>学习内容完成程度</td><td>20</td><td></td><td></td><td></td><td></td></tr><tr><td>2</td><td>试验操作完成度</td><td>20</td><td></td><td></td><td></td><td></td></tr><tr><td>3</td><td>操作规范性</td><td>20</td><td></td><td></td><td></td><td></td></tr><tr><td>4</td><td>"工完场清"等工作态度</td><td>20</td><td></td><td></td><td></td><td></td></tr><tr><td>5</td><td>试验结果分析情况</td><td>20</td><td></td><td></td><td></td><td></td></tr></table>

课题	项目 9 保温绝热材料				
班级		姓名		学号	
工作任务	1. 了解保温绝热材料的种类及特性。 2. 能判断保温绝热材料的种类。				
知识要点	1. 无机保温材料包括泡沫混凝土、加气混凝土、硅藻土与硅酸钙绝热制品、膨胀珍珠岩、岩棉、矿渣棉、泡沫玻璃。 2. 有机保温材料包括聚苯颗粒、发泡型聚苯板、挤塑型聚苯板、聚氨酯硬质泡沫塑料、橡塑海绵保温材料。				
任务实施	单选题 1. 下列保温绝热材料中属于无机保温材料的是（　　）。 　A. 发泡型聚苯板　　　　　　　　B. 挤塑型聚苯板 　C. 膨胀珍珠岩　　　　　　　　　D. 聚氨酯硬质泡沫塑料 2. 下列保温绝热材料中属于有机保温材料的是（　　）。 　A. 聚乙烯　　B. 挤塑型聚苯板　　C. 岩棉　　D. 泡沫混凝土 3. 下列不是加气混凝土材料具有的特点是（　　）。 　A. 轻质　　　B. 低强度　　　C. 保温　　　D. 隔声、防火				

	序号	评价内容	满分	自评	互评	师评	综合得分
评价反馈	1	学习内容完成程度	20				
	2	试验操作完成度	20				
	3	操作规范性	20				
	4	"工完场清"等工作态度	20				
	5	试验结果分析情况	20				

拓展：传热系数与体型系数

传热系数：在稳定传热情况下，围护结构两侧空气温差为1℃，单位时间通过单位面积传递的热量，单位是 $W/(m^2 \cdot K)$，反映了传热过程的强弱。

体型系数：建筑物与室外大气接触的外表面积 F_0 与其所包围的体积 V_0 的比值。值越小越好，传热损失越小。

课题	项目10 建筑塑料				
班级		姓名		学号	

工作任务	1. 了解建筑塑料的种类及特性。 2. 能判断建筑塑料的种类。
知识要点	1. 热塑性塑料与热固性塑料的区别： 1）热塑性塑料是指受热时软化或熔化，冷却后硬化定型，再经加热时还具有可塑性的塑料。热塑性塑料的特点是成型方便，机械性好；但耐热性和刚度较差。 2）热固性塑料是指在加热时软化，冷却后固化成型，再经加热不会软化和产生塑性的塑料。热固性塑料的特点是耐热，刚度大；但强度低。 2. 常用热塑性塑料与热固性塑料的品种： 1）常用的热塑性塑料有聚乙烯、聚氯乙烯、聚苯乙烯、有机玻璃。 2）常用的热固性塑料有酚醛树脂、脲醛树脂、环氧树脂等。
任务实施	一、单选题 1. 由于（　　）延展性好，常用于农业保温大棚、保鲜膜、防水卷材隔离层。 A. 聚乙烯　　B. 聚氯乙烯　　C. 聚苯乙烯　　D. 有机玻璃 2. 有机玻璃的学名是（　　）。 A. 聚乙烯　　B. 聚氯乙烯　　C. 聚苯乙烯　　D. 聚甲基丙酸甲酯 3. （　　）塑料价格低廉，性能比较稳定，应用十分广泛。 A. 聚乙烯　　B. 聚氯乙烯　　C. 聚苯乙烯　　D. 有机玻璃 4. 不属于热塑性塑料的有（　　）。 A. 聚乙烯　　B. 聚氯乙烯　　C. 有机玻璃　　D. 环氧树脂 5. 不属于热固性塑料的有（　　）。 A. 酚醛树脂　　B. 脲醛树脂　　C. 有机玻璃　　D. 环氧树脂 二、简答题 热塑性塑料与热固性塑料的区别是什么？

	序号	评价内容	满分	自评	互评	师评	综合得分
评价反馈	1	学习内容完成程度	20				
	2	试验操作完成度	20				
	3	操作规范性	20				
	4	"工完场清"等工作态度	20				
	5	试验结果分析情况	20				

课题	项目 11 建筑装饰材料			
班级		姓名		学号
工作任务	1. 了解石材及建筑陶瓷的分类。 2. 掌握建筑玻璃的分类、特点与应用。 3. 了解金属装饰材料和涂料的种类。			
知识要点	1. 天然岩石按地质成因可分为火成岩、沉积岩、变质岩三大类。 2. 饰面石材按岩石种类分类主要有大理石和花岗石两大类。花岗石饰面石材抗压强度高，耐磨性、耐久性均较高，不论用于室内或室外，使用年限都很长。大理石饰面石材质地较密实、抗压强度较高、吸水率低、质地较软，属碱性中硬石材。 3. 瓷砖依据用途分为外墙砖、内墙砖、地砖、广场砖、工业砖等；依据品种分为釉面砖、通体砖（同质砖）、抛光砖、玻化砖、瓷质釉面砖（仿古砖）。 4. 建筑工程中应用的玻璃种类很多，有平板玻璃、磨砂玻璃、磨光玻璃、钢化玻璃、压花玻璃、热反射玻璃、防火玻璃、釉面玻璃、水晶玻璃等。 5. 常用的金属装饰材料有建筑铝合金型材以及其他型材（钛锌板、建筑铜板及其系统、铝镁锰合金板）。 6. 涂料按涂层使用的部位分为外墙涂料、内墙涂料、地面涂料、顶棚涂料。			
任务实施	一、选择题 1. 由于（　　）耐磨性差，用于室内地面时可以采用表面结晶处理，以提高表面耐磨、耐酸腐蚀的能力。 　A. 瓷砖　　　B. 花岗石　　　C. 微晶石　　　D. 大理石 2. 钢化玻璃的特性包括（　　）。 　A. 强度高　　B. 抗冲击性好　　C. 弹性比普通玻璃大 　D. 热稳定性好　E. 易切割 二、简答题 1. 简述大理石和花岗石的区别。 2. 简述平板玻璃的种类。 3. 简述安全玻璃的种类。 4. 内墙涂料和外墙涂料的区别有哪些？			

	序号	评价内容	满分	自评	互评	师评	综合得分
评价反馈	1	学习内容完成程度	20				
	2	试验操作完成度	20				
	3	操作规范性	20				
	4	"工完场清"等工作态度	20				
	5	试验结果分析情况	20				

小测验 2

填空题	1. 砌筑砂浆中加入的掺加料一般是_____或黏土膏，作用是_____、_____；所用的砂一般为_____砂，泥含量控制在_____内。 2. 砂浆的流动性用_____来表示，一般根据砌体类型确定。保水性用_____来表示，一般要求小于30mm。 3. 砂浆的强度等级是用立方体试件，经标准养护_____d的平均抗压强度来确定的，抗压强度越高，黏结强度越_____。 4. 测定水泥的强度等级时所用标准试件的规格为_____；测定混凝土的强度等级所用标准试件的边长为_____；测定砂浆的强度等级时所用标准试件边长为_____。 5. 烧结普通砖的规格为_____，1m³的砖砌体理论上需要用砖_____块。 6. 强度、抗风化性能合格的烧结普通砖，根据_____、外观质量、_____、石灰爆裂分为_____、一等品和合格品。烧结普通砖的强度等级包括_____。 7. 随着碳含量的增加，钢材的_____、_____增加，_____、_____下降。 8. 硫和磷是钢中的_____元素，硫的主要危害是使钢具有_____，磷的危害是使钢具有_____，影响加工成型。 9. 钢材能弯成的角度越_____，弯心直径越_____，说明冷弯性能越好。 10. 钢材结构设计的依据是_____强度。 11. 钢材的冷加工硬化是指钢材经常温加工后_____提高、_____下降的现象。 12. 石油沥青的三大组分是_____、_____和_____。 13. 沥青的塑性用_____来表示，其数值越大，塑性越_____。 14. 沥青的牌号由_____决定，牌号越大，黏滞性越_____。沥青的温度稳定性用_____表示，用_____法测定。 15. 组分是指_____。
单选题	1. 材料的吸湿性通常用（　　）表示。 A. 吸水率　　B. 含水率　　C. 抗冻性　　D. 软化系数 2. 下列关于石灰特性描述不正确的是（　　）。 A. 石灰水化放出大量的热 B. 石灰是气硬性胶凝材料 C. 石灰凝结快、强度高 D. 石灰水化时体积膨胀 3. 建筑石膏自生产之日算起，其有效储存期一般为（　　）。 A. 3个月　　B. 6个月　　C. 12个月　　D. 1个月

单选题	4. 做水泥安定性检验时，下列说法错误的是（　　）。 A. 水泥安定性检验有"试饼法"和"雷氏法"两种 B. 两种试验结果出现争议时以雷氏法为准 C. 水泥安定性检验只能检验水泥中游离氧化钙的含量 D. 水泥安定性检验只能检验水泥中氧化镁的含量 5. 普通硅酸盐水泥的混合材料的掺量为（　　）。 A. 0～5%　　　B. 6%～15%　　　C. 15%～20%　　　D. 大于20% 6. 对于级配良好的砂，下列说法错误的是（　　）。 A. 可节约水泥　　　　　　　B. 有助于提高混凝土的强度 C. 有助于提高混凝土的耐久性　　　D. 能提高混凝土的流动性 7. 国家标准规定，混凝土立方体抗压强度以立方体试件在标准条件下养护28d时测定，该立方体的边长规定为（　　）。 A. 200mm×200mm×200mm　　　B. 150mm×150mm×150mm C. 100mm×100mm×100mm　　　D. 50mm×50mm×50mm 8. 下列外加剂中，能提高混凝土强度或者改善混凝土和易性的是（　　）。 A. 早强剂　　　B. 引气剂　　　C. 减水剂　　　D. 加气剂 9. 泵送混凝土的砂率与最小水泥用量宜控制在（　　）。 A. 砂率为40%～50%，最小水泥用量≥300kg/m³ B. 砂率为40%～50%，最小水泥用量≥200kg/m³ C. 砂率为30%～35%，最小水泥用量≥300kg/m³ D. 砂率为30%～35%，最小水泥用量≥200kg/m³ 10. 对于同一验收批的砌筑砂浆的试块强度，当各组试块的平均抗压强度值大于设计强度等级值时，其最小值应大于或等于（　　）倍的砂浆设计强度等级值。 A. 0.50　　　B. 0.60　　　C. 0.65　　　D. 0.75 11. 用于大体积混凝土或长距离运输混凝土的外加剂是（　　）。 A. 早强剂　　　B. 缓凝剂　　　C. 引气剂　　　D. 速凝剂 12. 砌筑砂浆宜采用（　　）强度等级的水泥。 A. 低　　　B. 中低　　　C. 中高　　　D. 高 13. 对于毛石砌体所用的砂，最大粒径不大于砂浆层厚度的（　　）。 A. 1/4～1/3　　　B. 1/5～1/4　　　C. 1/6～1/5　　　D. 1/7～1/6 14. 表示砂浆流动性的指标是（　　）。 A. 针入度　　　B. 沉入度　　　C. 坍落度　　　D. 分层度 15. 表示砂浆保水性的指标是（　　）。 A. 针入度　　　B. 沉入度　　　C. 坍落度　　　D. 分层度 16. 水泥砂浆的分层度不应大于（　　）mm。 A. 0　　　B. 20　　　C. 30　　　D. 50 17. 砂浆强度试件的标准尺寸为（　　）。 A. 40×40×160　　　　　B. 150×150×150 C. 70.7×70.7×70.7　　　D. 100×100×100 18. 砌筑砂浆的强度与水灰比（　　）。 A. 成正比　　　B. 成反比　　　C. 无关　　　D. 不能确定

单选题	19. 抹面砂浆通常分（　　）层涂抹。 A. 1~2　　　B. 2~3　　　C. 3~4　　　D. 4~5 20. 抹面砂浆的底层主要起（　　）作用。 A. 黏结　　　B. 找平　　　C. 装饰与保护　　　D. 修复 21. 潮湿房间或地下建筑，宜选择（　　）。 A. 水泥砂浆　　　B. 混合砂浆　　　C. 石灰砂浆　　　D. 石膏砂浆 22. 建筑地面砂浆的面层，宜采用（　　）。 A. 水泥砂浆　　　B. 混合砂浆　　　C. 石灰砂浆　　　D. 石膏砂浆 23. 色浅、声哑、变形小且耐久性差的砖是（　　）。 A. 酥砖　　　B. 欠火砖　　　C. 螺纹砖　　　D. 过火砖 24. 凡孔洞率小于15%的砖称为（　　）。 A. 烧结普通砖　　　B. 烧结多孔砖　　　C. 烧结空心砖　　　D. 烧结页岩砖 25. 烧结普通砖的标准尺寸为（　　）。 A. 240mm×115mm×53mm　　　B. 190mm×190mm×90mm C. 240mm×115mm×90mm　　　D. 100mm×120mm×150mm 26. 砌筑1m^{3}烧结普通砖砌体，理论上所需砖的块数为（　　）。 A. 512　　　B. 532　　　C. 540　　　D. 596 27. 尺寸偏差和抗风化性能合格的烧结普通砖，划分质量等级的指标除泛霜、石灰爆裂外还有（　　）。 A. 强度　　　B. 耐久性　　　C. 外观质量　　　D. 物理性能 28. 钢材拉伸过程中的第二阶段是（　　）。 A. 颈缩阶段　　　B. 强化阶段　　　C. 屈服阶段　　　D. 弹性阶段 29. （　　）作为钢材的设计强度。 A. 屈服强度　　　B. 极限强度　　　C. 弹性极限　　　D 比例极限
多选题	1. 关于材料的基本性质，下列说法正确的是（　　）。 A. 材料的表观密度是可变的 B. 材料的密实度和孔隙率反映了材料的同一性质 C. 材料的吸水率随其孔隙率的增加而增加 D. 材料的强度是指抵抗外力破坏的能力 E. 材料的弹性模量越大，说明材料越不易变形 2. 建筑石膏制品具有（　　）等特点。 A. 强度高　　　B. 质量小　　　C. 加工性能好 D. 防火性较好　　　E. 耐水性较好 3. 对于硅酸盐水泥下列叙述错误的是（　　）。 A. 现行国家标准规定硅酸盐水泥初凝时间不早于45min，终凝时间不迟于10h B. 不适宜用于大体积混凝土工程 C. 不适于配制耐热混凝土 D. 不适于配制有耐磨性要求的混凝土 E. 不适于早期强度要求高的工程 4. 在水泥的储运与管理中应注意的问题是（　　）。 A. 防止水泥受潮

多选题	B. 水泥存放期不宜过长 C. 对于过期水泥作废品处理 D. 严防不同品种、不同强度等级的水泥在保管中发生混乱 E. 坚持限额领料、杜绝浪费的原则 5. 某工地施工员拟采用下列措施提高混凝土的流动性，其中可行的措施是（　　）。 　　A. 加氯化钙　　　　　　　　　　　B. 加减水剂 　　C. 保持水灰比不变，适当增加水泥浆数量 　　D. 多加水　　　　　　　　　　　　E. 调整砂率 6. 为提高混凝土的耐久性，可采取的措施是（　　）。 　　A. 改善施工操作，保证施工质量 　　B. 合理选择水泥品种 　　C. 控制水灰比　　D. 增加砂率　　E. 掺引气型减水剂 7. 对于砌筑砂浆，下列叙述错误的是（　　）。 　　A. 砂浆的强度等级以边长为150mm的立方体试块在标准养护条件下养护28d的抗压强度平均值确定 　　B. 砂浆抗压强度越高，它与基层的黏结力越大 　　C. 水泥混合砂浆配合比中，砂浆的配制强度按 $f_{m,0}=f_2+1.645\sigma$ 计算 　　D. 砌筑在多孔吸水底面的砂浆，其强度大小与水灰比有关 　　E. 砂浆配合设计中水泥的用量不得低于 $200kg/m^3$ 8. 对于加气混凝土砌块，下列说法正确的是（　　）。 　　A. 具有良好的保温隔热性能 　　B. 耐久性好 　　C. 加工方便 　　D. 可用于高层框架结构建筑的填充墙 　　E. 可用于高温和有侵蚀性介质的环境中 9. 钢筋的拉伸性能是建筑钢材的重要性能，由拉伸试验测定的重要技术指标包括（　　）。 　　A. 拉伸率　　　B. 抗拉强度　　　C. 韧性 　　D. 弯曲性能　　E. 屈服强度 10. 确定石油沥青主要技术性质所用的指标包括（　　）。 　　A. 针入度　　　B. 大气稳定性　　C. 延度 　　D. 软化点　　　E. 溶解度
问答题	1. 水泥验收检验过程中，仲裁检验如何进行？ 2. 某混凝土搅拌站将细度模数2.5的砂换成细度模数为2.1的砂，换砂后原混凝土配合比不变，后发现混凝土坍落度明显变小，请分析原因。

问答题	3. 抹面砂浆多层施工法各层的作用及要求是什么？ 4. 低碳钢拉伸可以分为哪几个阶段？各个阶段的强度指标和塑性指标各是什么？ 5. 什么是沥青的老化？
计算题	1. 已知卵石的密度为 2.6g/cm³，把它装入一个 2m³ 的车厢内，装平时共用 3500kg，求该卵石此时的空隙率为多少？若用堆积密度为 1500kg/m³ 的砂填入上述车厢内卵石的空隙中，共需多少砂？ 2. 某混凝土实验室配合比为 1∶2.1∶4.0，水灰比为 0.60，实测混凝土的表观密度为 2410kg/m³，计算 1m³ 混凝土中各材料的用量。 3. 某钢材拉伸试验中记录的试验数据如下： 拉伸前 d_0 = 10mm，L_0 = 50mm，拉伸后 L_1 = 65mm；屈服荷载 F_s = 21kN，极限荷载 F_b = 34.6kN，颈缩部位直径 d_1 = 6.8mm。计算该钢材的屈服强度 σ_s、抗拉强度 σ_b、伸长率 δ 和断面收缩率。